Startup Erfinderhandbuch

Thomas Heinz Meitinger

Startup Erfinderhandbuch

Ideen entwickeln und schützen

 Springer Vieweg

Thomas Heinz Meitinger
Meitinger Patentanwalts GmbH
München, Deutschland

ISBN 978-3-662-70538-4   ISBN 978-3-662-70539-1   (eBook)
https://doi.org/10.1007/978-3-662-70539-1

Die Deutsche Nationalbibliothek verzeichnet diese Publikation in der Deutschen Nationalbibliografie; detaillierte
bibliografische Daten sind im Internet über https://portal.dnb.de abrufbar.

Planung/Lektorat: Axel Garbers
Springer Vieweg ist ein Imprint der eingetragenen Gesellschaft Springer-Verlag GmbH, DE und ist ein Teil von
Springer Nature.
Die Anschrift der Gesellschaft ist: Heidelberger Platz 3, 14197 Berlin, Germany

Wenn Sie dieses Produkt entsorgen, geben Sie das Papier bitte zum Recycling.

Vorwort

Ein Startup ist ein Unternehmen, das seinen Schwerpunkt in die Realisierung einer neuen Technologie legt. Der Gründer eines Startups wird sich zunächst mit der Technologie beschäftigen, die er vorfindet, und deren Eigenschaften und insbesondere Nachteile genau studieren. In einem nächsten Schritt wird er eine technische Aufgabe herausarbeiten zur Überwindung der Nachteile der bestehenden Technologie. Der Gründer muss außerdem eine betriebswirtschaftliche Evaluierung durchführen, ob das Lösen dieser Aufgabe zu einem Produkt führen wird, das einen ausreichend großen Markt verspricht. Erst danach beginnt der kreative Prozess des Schaffens einer Erfindung.

Das Schaffen der eigenen technischen Lösung kann mithilfe des Patentrechts und dem Stand der Technik unterstützt werden. Die gefundene technische Lösung ist mit dem Stand der Technik zu vergleichen. Werden Patente Dritter, die in Kraft sind, gefunden, muss die eigene Technologie fortentwickelt werden, um aus dem Schutzbereich der fremden Patente zu gelangen. Diese (erzwungene) Fortentwicklung kann als Chance gesehen werden, eine eigene patentfähige technische Lehre zu erhalten.

Außerdem sollte sich der Gründer eines Startups über spezialisierte Ausführungsformen Gedanken machen, die für besondere Anwendungen geeignet sind. Diese besonderen Anwendungen können aus den Aufgabenstellungen des Stands der Technik entnommen werden. Die entwickelten Ausführungsformen können zusätzliche Märkte eröffnen und stellen eine Bereicherung einer eigenen Patentanmeldung dar, da sie als Unteransprüche beansprucht werden können. Die Auseinandersetzung mit dem Patentrecht kann daher zu einer ausgefeilten eigenen Technologie führen.

Es ist für den Startup-Gründer empfehlenswert, sich eine Marke schützen zu lassen. Die Registrierung einer Marke ist nicht teuer, kann beliebig lang aufrecht gehalten werden und nimmt mit der geschäftlichen Tätigkeit an Wert zu. Diesem Buch können Tipps entnommen, um wertvolle Marken zu entwickeln. Das Thema der Designrechte wird außerdem vorgestellt, da Designrechte zumindest als flankierende Schutzrechte relevant sind.

Jeweils am Ende der Kapitel zum Patentrecht, dem Markenrecht und dem Designrecht finden sich konkrete Handlungsanweisungen wie eine Patentanmeldung, eine Markenanmeldung bzw. eine Designanmeldung selber erstellt werden kann. Das Kap. 7 fasst die Essenz des Buchs zusammen, indem es die Erarbeitung einer eigenen Technologie anhand der Beschäftigung mit dem Patentrecht erläutert. Das vorliegende Buch ist anwendungsorientiert, gibt jedoch zusätzlich einen tiefen Einblick in die theoretischen Aspekte des gewerblichen Rechtsschutzes preis, um dem Leser fundierte Entscheidungen zu ermöglichen.

Dieses Buch soll einem Startup-Gründer nicht nur helfen, die rechtlichen Probleme in den Griff zu bekommen, sondern ihm auch ein Rüstzeug an die Hand geben, damit er eine eigene Technologie zumindest weiter entwickeln kann und eventuell selbst zu einem Patent als ökonomischen Monopol gelangt.

München   Dr. Thomas Heinz Meitinger
im November 2024

Inhaltsverzeichnis

Über den Autor

Patentanwalt Dr. Thomas Heinz Meitinger ist deutscher und europäischer Patentanwalt. Er ist der Geschäftsführer der Meitinger Patentanwalts GmbH. Die Meitinger Patentanwalts GmbH ist eine mittelständische Patentanwaltskanzlei in München. Nach einem Studium der Elektrotechnik in Karlsruhe arbeitete er zunächst als Entwicklungsingenieur. Spätere Stationen waren Tätigkeiten als Produktionsleiter und technischer Leiter in mittelständischen Unternehmen. Dr. Meitinger veröffentlicht regelmäßig wissenschaftliche Artikel, schreibt Fachbücher zum gewerblichen Rechtsschutz und hält Vorträge zum Patent-, Marken- und Designrecht. Dr. Meitinger ist Dipl.-Ing. (Univ.) und Dipl.-Wirtsch.-Ing. (FH). Außerdem führt er folgende Mastertitel: LL.M., LL.M., MBA, MBA, M.A. und M.Sc.

Abbildungsverzeichnis

Einleitung

1

Inhaltsverzeichnis

In diesem einleitenden Kapitel werden die Abschnitte des Buchs mit ihren Inhalten vorgestellt und ihre Bedeutung bei der Gründung eines Startups erläutert.

Ein Startup ist ein Unternehmen, dessen geschäftlicher Fokus der Anwendung einer Technologie als Angebot an den Markt gilt. Entsprechend bedeutsam ist die Beschäftigung mit der Technologie und die rechtliche Absicherung für das Startup-Unternehmen.

Im Laufe des Buchs wird dem Leser klar, dass sich aus der Klärung der rechtlichen Situation, dadurch dass die Benutzungsmöglichkeit ohne Verletzung der Patente Dritter und die Patentfähigkeit der eigenen Technologie geprüft wird, sich eine Fortentwicklung der eigenen Technologie ergeben kann, die zu eigenen Patenten und einer Steigerung der Marktchancen führt.

Der erste Schritt ist das Ermitteln des relevanten Stands der Technik. Das Startup muss sich mit der bereits vorhandenen Technologie befassen und bestrebt sein, diese zu verbessern und für den Markt nutzbar zu machen. Der Gründer wird dann zu einer ersten technischen Lösung gelangen.

Diese erste technische Lösung muss daraufhin geprüft werden, ob sie benutzt werden kann. Eventuell wird man fremde Patente finden, die verletzt werden. In diesem Fall muss die eigene Technologie weiterentwickelt werden, um aus dem Schutzbereich der fremden

Patente zu gelangen. Gerade durch diese erforderliche Weiterentwicklung kann die eigene Technologie verbessert werden und zu einer patentfähigen technischen Lehre führen.

Der letzte Schritt ist die Prüfung der Patentfähigkeit. Ist die eigene Technologie schutzfähig, sollte man sie zum Patent anmelden, um sich ein Alleinstellungsmerkmal dauerhaft zu bewahren.

Anhand der oben beschriebenen Schritte erkennt man, dass gerade durch das Wechselspiel mit dem Patentrecht eine Technologie entwickelt werden kann, die zur Gründung eines erfolgreichen Startups taugt.

1.1   Stand der Technik

Der Stand der Technik umfasst sämtliche Dokumente, Veröffentlichungen und offenkundige Benutzungen, die vor dem Anmelde- oder Prioritätstag einer Patentanmeldung der Öffentlichkeit zugänglich gemacht wurden.

Der Stand der Technik ist für ein Startup bezüglich mehreren Aspekten eine zentrale Beurteilungsinstanz. Zum einen kann der Stand der Technik helfen, die eigene Technologie zu verbessern. Insbesondere kann durch die Betrachtung des Stands der Technik eine zu lösende Aufgabe erkannt werden oder der Stand der Technik kann eine technische Lösung offenbaren, die der eigenen Technologie überlegen ist. Außerdem kann anhand des Stands der Technik abgeleitet werden, ob die eigene Technologie benutzt werden kann, ohne ein fremdes Schutzrecht zu verletzen. Schließlich dient der Stand der Technik der Bewertung, ob die eigene Technologie patentfähig ist.

1.2   Ausübungsfreiheit

Mit dem ermittelten Stand der Technik ist zu prüfen, ob eine eigene Technologie benutzt werden kann, ohne ein fremdes Schutzrecht zu verletzen. Hierbei sind nur diejenigen Schutzrechte zu beachten, die noch in Kraft sind. Das Problem hierbei ist, dass man sich nie sicher sein kann, dass eine Recherche vollständig ist. Es kann immer ein relevantes Dokument übersehen worden sein oder es konnte nicht recherchiert werden, da es beispielsweise bislang nicht elektronisch vorlag.

Allerdings kann versucht werden, eine Patentschrift zu finden, deren maximale Laufzeit überschritten ist und die sämtliche Merkmale der eigenen Technologie offenbart. In diesem Fall kann von einer Benutzung ohne Verletzung von Patenten Dritter ausgegangen werden, da das Dokument bereits einen gemeinfreien Stand der Technik darstellt, den jedermann benutzen kann.

1.3   Patentschutz

Bei der Prüfung auf Patentfähigkeit ist insbesondere die Neuheit und die erfinderische Tätigkeit der Erfindung zu betrachten. Eine Erfindung kann nur dann patentfähig sein, falls sie gegenüber dem Stand der Technik neu und erfinderisch ist.

1.4   Marke, Design und Arbeitnehmererfindungsrecht

Eine Marke sollte sich jedes Unternehmen beim Patentamt sichern. Insbesondere kann eine deutsche oder eine EU-weite Marke (Unionsmarke) angestrebt werden. Ohne Markenschutz besteht die Gefahr, dass ein Trittbrettfahrer dieselbe Marke anmeldet und ein Verbietungsrecht erwirbt, das auch gegen den ursprünglichen Benutzer der Marke erfolgreich eingesetzt werden kann.

Die Registrierung einer Marke kann sehr günstig erworben werden und kann durch jedes Jahr der geschäftlichen Tätigkeit an Wert gewinnen, sodass eine Marke zu einem bedeutsamen und wertvollen Asset eines Unternehmens aufsteigen kann. Ein Designrecht kann zumindest einen flankierenden Schutz bieten. Das Arbeitnehmererfindungsrecht ist einschlägig, falls ein Arbeitnehmer erfinderisch tätig ist.

Patent

2

Inhaltsverzeichnis

Eine technische Erfindung kann mit einem Patent oder einem Gebrauchsmuster geschützt werden. Patente und Gebrauchsmuster sind für den Startup-Gründer wichtig, denn ein Startup ist technologiezentriert. Fremde Patente können die wirtschaftliche Tätigkeit des Startup-Unternehmens beeinträchtigen und eigene Patente können Konkurrenz durch fremde Unternehmen verhindern.

T. H. Meitinger, *Startup Erfinderhandbuch*, https://doi.org/10.1007/978-3-662-70539-1_2

2.1   Ziel und Rechtfertigung des Patentrechts

Im Wesentlichen ist die Rechtfertigung für ein ökonomisches Monopol für eine Erfindung die Annahme, dass der Erfinder einen rechtlichen Schutz benötigt, damit er den Lohn aus seiner Erfindung ziehen kann. Würde man ihm dieses Monopol nicht gewähren, würde er seine erfinderische Tätigkeit einstellen. Dem steht die Realität gegenüber, dass es nur selten einzelne Erfinder gibt, die eine Erfindung zum Patent anmelden. Im Wesentlichen sind es große Unternehmen, die als Anmelder auftreten und dadurch ihre Marktposition festigen.[1] Das Patentrecht kann daher aus volkswirtschaftlicher Sicht durchaus kritisch gesehen werden.

Das Gewähren eines ökonomischen Monopols für eine Erfindung als Belohnung und Ansporn für den Erfinder folgt aus dem Naturrecht, das besagt, dass eine Erfindung das Eigentum seines Erfinders ist. Aus diesem Grund muss dem Erfinder ein Exklusivrecht gewährt werden, womit er jeden unbefugten Dritten von der Benutzung „seiner" Erfindung ausschließen kann. Entsprechend gewährt das Patentgesetz dem Erfinder einen Unterlassungsanspruch.[2]

Das Patentrecht und das Wettbewerbsrecht stehen sich teilweise konträr gegenüber. Es wird sogar das Patentrecht grundsätzlich infrage gestellt, da dessen Nutzen niedriger als die verursachten Kosten sei und daher das Patentrecht im Saldo einer Volkswirtschaft Schaden zufügen würde.[3] Außerdem würden sich insbesondere Volkswirtschaften ohne ein Patentrecht oder mit einem schwachen Patentrecht besser entwickeln.[4]

Der Zweck des Patentrechts aus staatlicher Sicht ist es, die Entwicklung und das Zugänglichmachen von gewerblich anwendbaren technischen Erfindungen zu fördern. Es ist nicht die Aufgabe, abstrakte Theorien zu fördern. Stattdessen soll der Öffentlichkeit Wissen über konkret nutzbare Technologien vermittelt werden.[5] Mathematische Formeln sind daher dem Patentrecht nicht zugänglich.[6] Hierbei spielt die Veröffentlichung der Erfindung durch eine Patentanmeldung bzw. ein Patent eine große Rolle. Nur durch die Veröffentlichung kann die Allgemeinheit einen Nutzen aus der beschriebenen technischen Lehre ziehen. Die Gegenleistung ist ein zeitlich beschränktes Monopol für den Anmelder und die Erfindernennung für den Erfinder.[7] Eine Rechtfertigung des Patentrechts kann

---

[1] Ann, § 3. Rechts- und wirtschaftspolitische Bewertung des Patentschutzes in Ann, Patentrecht 8. Auflage 2022, Rn. 37.

[2] Rogge/Melullis, Einleitung Benkard, Patentgesetz: PatG, 12. Auflage 2023, Rn. 3-3b.

[3] *The Economist* v. 8.8.2015, A question of utility, S. 9; Time to fix patents, S. 43 ff.; Haedicke, § 1. Einführung, Haedicke/Timmann, Handbuch des Patentrechts, 2. Auflage 2020, Rn. 12.

[4] *Reichman* 46 Houston Law Review 2009, 1115 (1117); Haedicke, § 1. Einführung, Haedicke/Timmann, Handbuch des Patentrechts, 2. Auflage 2020, Rn. 15.

[5] Rogge/Melullis, Einleitung, Benkard, Patentgesetz: PatG, 12. Auflage 2023, Rn. 1.

[6] § 2 Patentgesetz.

[7] Rogge/Melullis, Einleitung in Benkard, Patentgesetz, 11. Auflage 2015, Rn. 1–2.

auch darin gesehen werden, dass ein Patentschutz kleine und mittlere Unternehmen gegen die Übermacht von Großkonzernen schützt.[8]

2.2 Funktionen des Patentrechts

Dem Patentrecht werden mehrere erwünschte Funktionen bzw. Aufgaben zugewiesen. Zum einen die Belohnung des Erfinders für seine Verdienste an der Weiterentwicklung der Technik. Eng damit verbunden ist die Anspornfunktion, um den Erfinder weiterhin zur Bereicherung der Technik zu motivieren. Außerdem realisiert ein Patent eine Eigentumsfunktion. Hierbei wird von einem Patent als Nachweis des Eigentums an einer geistigen Schöpfung ausgegangen. Geistige Schöpfungen werden einem Sacheigentum gleichgestellt. Wie bei einem Sacheigentum muss für den Erfinder die Möglichkeit bestehen, unberechtigte Dritte von der Benutzung seiner Erfindung auszuschließen. Eine weitere Funktion des Patentrechts wird mit der Offenbarungs- bzw. Vertragstheorie beschrieben, die einen „Vertrag" des Erfinders, der seine Erfindung reproduzierbar veröffentlichen muss, mit dem Staat annimmt, um im Gegenzug ein staatliches Privileg zu erlangen.[9]

Oft beanspruchen Patente nur kleinere Verbesserungen. Die Frage kann berechtigt sein, ob es derartige minimale Verbesserungen verdienen durch ein Ausschließlichkeitsrecht mit einem staatlichen Monopol abgesichert zu werden.[10] Andererseits beanspruchen derartige kleine patentgeschützte Erfindungen auch nur einen kleinen Schutzumfang, sodass deren Einfluss auf das Marktgeschehen gering sein dürfte.

Belohnen und Anspornen des Erfinders
Das Patentgesetz soll den Erfinder belohnen und zu weiteren Erfindungen anspornen. Bei der Belohnungstheorie geht man davon aus, dass dem Erfinder aufgrund seiner Anstrengung zur Schaffung der Erfindung ein Lohn zusteht, der vom Staat zu leisten ist, da auch dieser durch die Förderung der Technologieentwicklung profitiert. Bei der Anspornungstheorie soll dem Erfinder etwas gewährt werden, damit dieser es als Ansporn erachtet, erfinderisch tätig zu sein. Auch bei der Vertragstheorie geht man davon aus, dass dem Erfinder etwas zu geben ist, damit er seine Erfindung der Öffentlichkeit preisgibt. Das für den Staat kostengünstigste ist ein zeitlich befristetes Monopol.[11]

Allerdings ist zu beachten, dass in den meisten Fällen durch die Patenterteilung kein Ansporn oder Belohnung des Erfinders erfolgt, sondern eines Unternehmens, da es sich bei 90 % der Erfindungen um Arbeitnehmererfindungen handelt, die regelmäßig vom

---

[8] Rogge/Melullis, Einleitung, Benkard, Patentgesetz: PatG, 12. Auflage 2023, Rn. 1.

[9] BeckOK PatR/Fitzner, 29. Ed. 15.7.2023, PatG § 1 Vor §§ 1–25 (Das Patent) Rn. 4–9.

[10] BeckOK PatR/Fitzner, 29. Ed. 15.7.2023, PatG § 1 Vor §§ 1–25 (Das Patent) Rn. 10.

[11] Machlup, Die wirtschaftlichen Grundlagen des Patentrechts – 1. Teil, GRUR Ausl. 1961, 373, 377–379.

Arbeitgeber in Anspruch genommen werden.[12] Allerdings ergibt sich ein Ansporn des Arbeitnehmererfinders durch das Arbeitnehmererfindungsgesetz, das eine Vergütung des erfinderischen Arbeitnehmers nach der Inanspruchnahme seiner Erfindung durch den Arbeitgeber vorsieht.[13] Die Erfindung muss hierzu nicht notwendigerweise zum Patent angemeldet worden sein. Eine Vergütungspflicht ergibt sich auch, wenn die Erfindung als Betriebsgeheimnis genutzt wird.[14] Das Patentrecht kann daher eher als eine unternehmerische Absicherung von F&E-Investitionen betrachtet werden, denn als direkter Ansporn oder Belohnung eines Erfinders.

Investitionsschutz

Mit der Schutzfunktion des Patents wird dem Patentinhaber ein zeitlich begrenztes alleiniges Verwertungsrecht zur Verfügung gestellt.[15] Hierdurch soll es dem Erfinder ermöglicht werden, den finanziellen Einsatz für die getätigten Investitionen wieder zurück zu gewinnen.[16] Die Schutzfunktion kann die Unternehmen daher motivieren, finanzielle Ressourcen in Forschung und Entwicklung zu investieren.

Durch das Patent mit seiner Schutzfunktion, das ein Nachahmen ohne Genehmigung verhindert, wird die patentgeschützte Erfindung zum handelbaren Wirtschaftsgut, das ohne Bedenken präsentiert werden kann. Hierdurch werden Verhandlungen über eine Lizenzierung erheblich erleichtert, da auf Geheimhaltungsvereinbarungen verzichtet werden kann.[17]

Technische Information der Öffentlichkeit

Ein weiteres Ziel des Patentgesetzes ist die Information der Öffentlichkeit über neue Technologien.[18] Hierdurch sollen insbesondere unökonomische Doppelerfindungen verhindert werden.[19] Die Veröffentlichung der patentierten Erfindungen ermöglicht patentfähige Fortentwicklungen auf Basis der Patentschriften, wodurch der technische Fortschritt befördert wird. Die Informationsfunktion erfordert die Schutzfunktion, sodass nur durch einen klaren rechtlichen Schutz des Erfinders, dieser zur Information der Öffentlichkeit veranlasst werden kann.

---

[12] Ann, § 3. Rechts- und wirtschaftspolitische Bewertung des Patentschutzes in Ann, Patentrecht 8. Auflage 2022, Rn. 37.

[13] § 9 Absatz 1 Arbeitnehmererfindungsgesetz.

[14] § 17 Arbeitnehmererfindungsgesetz.

[15] G. Prosi, Wirtschaft und Wettbewerb 1980, S. 641.

[16] Nägerl/Neuburger/Steinbach, Künstliche Intelligenz: Paradigmenwechsel im Patentsystem, GRUR 2019, 336, 341.

[17] Ann, § 3. Rechts- und wirtschaftspolitische Bewertung des Patentschutzes in Ann, Patentrecht, 8. Auflage 2022, Rn. 44.

[18] Zitscher: Zur Erweiterung der Informationsfunktion des Patentsystems GRUR 1997, 261.

[19] Häußer in Das Management von Innovationen, Staudt, E. (Hrsg.), Frankfurt, 1986, S. 577; und IWD vom 13. 5. 1993, S. 6.

Die Information der Öffentlichkeit über den aktuellen Stand der technischen Entwicklung stellt eine grundlegende Voraussetzung für den technischen Fortschritt dar, da es für den technischen Fortschritt wichtig ist, dass das bereits Erreichte bekannt gemacht wird.[20]

Die Notwendigkeit der Informationsfunktion des Patentgesetzes wird bezweifelt. Hierbei wird angeführt, dass technische Erfindungen, die in Benutzung sind, sowieso nicht auf Dauer geheim gehalten werden können.[21] Dem kann entgegnet werden, dass durch die Information der Öffentlichkeit durch Patentveröffentlichungen zumindest kein Nachteil, sondern eine zusätzliche (beschleunigte?) Veröffentlichung in einem der Öffentlichkeit zur Verfügung stehenden Informationskanal erfolgt.

Die Information der Öffentlichkeit wird durch die 18-monatige Geheimhaltung der Patentanmeldungen allerdings erheblich eingeschränkt. Die Einführung der Veröffentlichungsfrist von 18 Monaten wurde damals mit dem erforderlichen Aufwand zur Veröffentlichung begründet, was heute mit den Möglichkeiten des Internets nicht mehr aufrecht gehalten werden kann.[22]

Technischer Fortschritt

Die grundsätzliche Aufgabe des Patentrechts ist die Förderung des technischen Fortschritts.[23] Technischer Fortschritt ergibt sich, falls eine technische Lehre eines Patents zur Fortentwicklung der Technologie führt.[24] Das Erzeugen eines technischen Fortschritts kann als ein Indiz für eine erfinderische Tätigkeit[25] gedeutet werden.[26]

Allerdings bedeutet ein technischer Fortschritt nicht automatisch, dass die betreffende Erfindung patentwürdig ist. Es gibt durchaus Erfindungen, die einen großen technischen Fortschritt bedeuten, aber dennoch nicht auf einer für eine Patenterteilung erforderlichen erfinderischen Tätigkeit basieren.[27]

---

[20] Deck, § 17 Wettbewerbsrechtlicher Nachahmungsschutz (§ 4 Nr. 3 UWG) in Hasselblatt, MAH, Gewerblicher Rechtsschutz, 6. Auflage 2022, Rn. 3.

[21] Ann, § 3. Rechts- und wirtschaftspolitische Bewertung des Patentschutzes in Ann, Patentrecht 8. Auflage 2022, Rn. 31.

[22] Meitinger, Die Offenlegung der Patentanmeldung nach 18 Monaten: Ist das noch zeitgemäß? Mittteilungen der deutschen Patentanwälte, 2017, Juli/August, 303.

[23] Plant, Economica 1934, und Silberston, Lloyd's Bank Review 1967.

[24] Einsele, PatG § 4[Erfindung auf Grund erfinderischer Tätigkeit] in BeckOK Patentrecht, Fitzner/Lutz/Bodewig, 26. Edition, Stand: 15.10.2022, Rn. 56.

[25] § 4 Satz 1 Patentgesetz bzw. Artikel 56 EPÜ.

[26] BGH BlPMZ 1966, 164 – Suppenrezept; GRUR 1972, 704 – Wasser-Aufbereitung; GRUR 1972, 707 – Einstellbare Streckwalze; Mitt. 1978, 136 – Erdölröhre; BlPMZ 1966, 208 – Appetitzügler I; BlPMZ 1969, 251 – Disiloxan; BlPMZ 1971, 131 – Anthradipyrazol; BlPMZ 1972, 319 – Imidazoline; GRUR 1964, 676 – Läppen; Mitt. 1972, 235 – Rauhreifkerze; GRUR 1967, 590 – Garagentor; BlPMZ 1976, 192 – Alcylendiamine.

[27] Keine erfinderische Tätigkeit trotz erheblichem technischen Fortschritt: BGH GRUR 1969, 182 – Betondosierer.

Technischer Fortschritt ist keine Patentierungsvoraussetzung.[28] Eine Bereicherung des technischen Fortschritts ist daher zur Patenterteilung nicht erforderlich. Allerdings können technisch unsinnige Erfindungen nicht patentiert werden. Es kann für eine erfinderische Tätigkeit nach dem Patentgesetz genügen, wenn eine alternative Lösung gefunden wird, ohne dass dabei ein Fortschritt entsteht.[29]

Obwohl das Erreichen eines technischen Fortschritts keine Patentierungsvoraussetzung ist, soll die Möglichkeit der Patentierung doch zum Erreichen eines technischen Fortschritts anregen.[30] Ein technischer Fortschritt kann als Beweisanzeichen für eine erfinderische Tätigkeit angesehen werden.[31] Es kann jedoch eine Erfindung neu und erfinderisch sein, und damit patentfähig, ohne dass die Erfindung im Vergleich zum Stand der Technik vorteilhaft ist.[32]

Wohlfahrt der Verbraucher

Eine Aufgabe des Patentrechts ist es, für sozial nützliche Erfindungen zu sorgen.[33] Die soziale Nützlichkeit kann ein Indiz für eine erfinderische Tätigkeit sein.[34] Das Patentrecht hat daher auch die Steigerung der Verbraucherwohlfahrt zum Ziel.[35]

Es war von Anfang an umstritten, ob das Patentrecht der Wohlfahrt der Verbraucher überhaupt dienen kann. Der erste Nobelpreisträger für Physik Wilhelm Conrad Röntgen hat auf eine Patentierung von Anwendungen seiner „besonderen Strahlung", die heute als Röntgenstrahlung bezeichnet wird, bewusst verzichtet, um die Segnungen seiner Entdeckung den Menschen ohne rechtliche Hindernisse zugänglich zu machen. Röntgen war sich über die technischen Anwendungsmöglichkeiten und die grundsätzliche Patentfähigkeit vollkommen im Klaren.[36]

---

[28] Im § 1 Patentgesetz des Jahres 1968 wurde die Erreichung eines technischen Fortschritts noch gefordert, um ein Patent erteilt zu bekommen.

[29] BGH GRUR 2015, 983 Rn. 31 – Flugzeugzustand; Mes, PatG § 1 [Voraussetzungen der Erteilung] in Mes, Patentgesetz Gebrauchsmustergesetz, 5. Auflage 2020, Rn. 93.

[30] BGH GRUR 1996, 109 – Klinische Versuche I; Einsele, GebrMG § 1 [Voraussetzungen des Schutzes], BeckOK Patentrecht, Fitzner/Lutz/Bodewig, 26. Edition, Stand: 15.10.2022, Rn. 51.

[31] BGH GRUR 1996, 757 – Zahnkranzfräser; BPatG GRUR 1995, 397– Außenspiegel-Anordnung.

[32] BGH GRUR 2015, 983 – Flugzeugzustand.

[33] BGH GRUR 1956, 77 – Rödeldraht; BGH GRUR 1955, 29 – Nobelt-Bund; BGH GRUR 1996, 109 – Klinische Versuche I; Einsele, GebrMG § 1 [Voraussetzungen des Schutzes] in BeckOK Patentrecht, Fitzner/Lutz/Bodewig, 26. Edition, Stand: 15.10.2022, Rn. 50.

[34] BPatG GRUR 1995, 397 – Außenspiegel-Anordnung; Einsele, GebrMG § 1 [Voraussetzungen des Schutzes] in BeckOK Patentrecht, Fitzner/Lutz/Bodewig, 26. Edition, Stand: 15.10.2022, Rn. 50.

[35] Joseph Straus, Patentanmeldung als Missbrauch der marktbeherrschenden Stellung nach Artikel 82 EGV? GRUR Int 2009, 93, 99.

[36] Beyer: „Patent und Ethik im Spiegel der technischen Evolution" GRUR 1994, 541.

2.3   Erfindung

Im Patentrecht gibt es den zentralen Begriff der „Erfindung". Nur für ein Objekt, für das der Begriff der „Erfindung" zutreffend ist, ist das Patentgesetz zugänglich. Eine Legaldefinition des Begriffs der Erfindung enthält das Patentgesetz nicht. Das Patentgesetz fordert nur, dass eine Erfindung einen technischen Charakter aufweist.[37]

Der Gesetzgeber hat nicht definiert, wann ein technischer Charakter bzw. eine patentwürdige Erfindung vorliegt. Diese „Lücke" wurde von dem Gesetzgeber mit voller Absicht gelassen. Durch das Fehlen der Definition der Erfindung soll es ermöglicht werden, diesen Begriff an den jeweiligen Stand der Technik anzupassen.[38] Der Gesetzgeber hat es daher der Rechtspraxis, also insbesondere dem Patentamt und den Gerichten, als Aufgabe aufgegeben, zu definieren, für welche Erzeugnisse und Verfahren das Patentgesetz zugänglich sein soll.

Ein aktuelles Beispiel der Fortbildung der Bedeutung des Begriffs der Erfindung stellen die Softwarepatente dar.[39] In diesem Bereich kann eine Rechtsfortbildung durch die Patentämter und Gerichte zu einer liberaleren Auffassung festgestellt werden, sodass Software in zunehmendem Maße patentfähig ist.[40]

Reine Entdeckungen, wissenschaftliche Theorien, mathematische Methoden, Pläne und Regeln für Spiele und geschäftliche Tätigkeiten sind vom Patentschutz ausgeschlossen.[41] Für ein Startup wichtig: ein Geschäftsmodell kann nicht durch ein Patent geschützt werden. Außerdem sind Verfahren zur chirurgischen oder therapeutischen Behandlung von Menschen oder Tieren vom Patentschutz ebenfalls explizit ausgeschlossen.[42]

---

[37] § 1 Absatz 1 Patentgesetz; Beyer, Patent und Ethik im Spiegel der technischen Evolution, GRUR 1994, 541, Rdn. 543.

[38] Vgl. Bundesratsdrucksache Nr. 14 1876/77 zu § 1; Becker spricht von „Graubereiche zur Evolution rechtlicher Regeln" (Becker, Maximilian: Von der Freiheit, rechtswidrig handeln zu können, ZUM 2019, 636, 642). Der Rechtsbegriff der Erfindung stellt einen derartigen Nukleus zur Evolution des Patentgesetzes dar.

[39] Lutz van Raden, die informatische Taube – Überlegungen zur Patentfähigkeit informationsbezogener Erfindungen, GRUR 1995, 451.

[40] Andreas Wiebe beschreibt die Geschichte der Softwarepatentierung und spricht von einem „langen Leidensweg" (Andreas Wiebe, Patentschutz und Softwareentwicklung – ein unüberbrückbarer Gegensatz? Aus dem Buch „Open Source Jahrbuch 2004 – Zwischen Softwareentwicklung und Gesellschaftsmodell", 2004, S. 277–292).

[41] § 1 Absatz 3 Nr. 3 Patentgesetz.

[42] § 2a Absatz 1 Nr. 2 Patentgesetz.

2.4   Patentanmeldung

Eine Erfindung kann zum Patent angemeldet werden.[43] Eine Patentanmeldung führt
nicht automatisch zu einem Verbietungsrecht. Solange die Anmeldung nicht zur Erteilung gelangt, kann die Erfindung von jedermann benutzt werden. Allerdings steht dem
Anmelder gegenüber demjenigen, der die angemeldete Erfindung nutzt, ein Entschädigungsanspruch zu.[44] Der Entschädigungsanspruch ist kein Schadensersatz wie bei einer
Patentverletzung und ist auch erheblich niedriger anzusetzen.[45]

2.5   Patent

Eine Patentanmeldung, deren Gegenstand neu, erfinderisch und gewerblich anwendbar ist, kann zum Patent erteilt werden.[46] Mit einem Patent kann jedem Unbefugten
jegliche Art der Benutzung der patentgeschützten technischen Lehre verboten werden.
Patentgeschützte Benutzungen sind insbesondere das Herstellen, das Anbieten und das
Inverkehrbringen der geschützten Erfindung.[47]

Neben der Patentverletzung, bei der sämtliche Merkmale eines Anspruchs erfüllt sind
(unmittelbare Patewntverletzung), kann eine mittelbare Patentverletzung geltend gemacht
werden. Voraussetzung ist, dass sich die Patentverletzung auf wesentliche Elemente der
patentgeschützten Erfindung bezieht, die außerdem zur Benutzung der Erfindung geeignet
sind. Zusätzlich muss die Eignung dem Verletzer bekannt oder zumindest offensichtlich
gewesen sein. Allerdings kann bei einer mittelbaren Patentverletzung nur das Anbieten
und Liefern im Inland geltend gemacht werden. Die Benutzungsart der Herstellung kann
nicht zu einer mittelbaren Patentverletzung führen.[48]

2.6   Erfinder

Der Erfinder ist der Eigentümer seiner Erfindung.[49] Der Anmelder ist die natürliche oder
juristische Person, die die Erfindung zum Patent anmeldet. Ist der Anmelder nicht der
Erfinder oder wurde ihm die Erfindung nicht übertragen, handelt er unberechtigt und es
liegt eine widerrechtliche Entnahme (Vindikation) vor. Eine Übertragung der Erfindung

---

[43] § 34 Absatz 1 Patentgesetz.
[44] § 33 Absatz 1 Patentgesetz.
[45] § 139 Absatz 2 Satz 1 Patentgesetz.
[46] § 1 Absatz 1 Patentgesetz.
[47] § 9 Nr. 1 Patentgesetz.
[48] § 10 Absatz 1 Patentgesetz.
[49] § 6 Satz 1 Patentgesetz.

kann durch Vertrag oder durch die Inanspruchnahme der Erfindung eines Arbeitnehmers nach Arbeitnehmererfindungsgesetz durch dessen Arbeitgeber erfolgen.

Der Erfinder muss eine natürliche Person sein. Früher war es möglich sogenannte „Betriebserfindungen" ohne Nennung eines Erfinders anzumelden. Mit den Betriebserfindungen wurde einiger Missbrauch betrieben und die Erfinder um ihre Erfinderehre gebracht.[50]

2.7 Anmelder

Der Anmelder ist eine natürliche oder juristische Person, die die Erfindung zum Patent anmeldet und Inhaber des Schutzrechts ist. Zur Anmeldung ist der Anmelder nur berechtigt, wenn er der Erfinder ist oder die Erfindung durch Gesetz oder Vertrag vom Erfinder übertragen erhielt. Das Patentamt ist nicht in der Lage die Berechtigung des Anmelders zu überprüfen. Damit das Verfahren vor dem Patentamt nicht verzögert wird, geht das Patentamt zunächst, falls keine gegenteiligen Hinweise vorliegen, von der Berechtigung des Anmelders aus.[51] Der Anmelder hat den Erfinder innerhalb von fünfzehn Monaten nach dem Anmeldetag zu benennen und anzugeben, wie das Recht an der Erfindung auf ihn übergegangen ist, falls er nicht der Erfinder ist.[52] Die Angaben werden vom Patentamt nicht überprüft.[53]

Insbesondere durch die Inanspruchnahme der Erfindung eines Arbeitnehmers durch dessen Arbeitgeber kann ein Rechtsübergang stattfinden.[54] Ein Rechtsübergang per Gesetz ergibt sich, falls der Arbeitnehmer die Erfindung nicht innerhalb von vier Monaten nach Erfindungsmeldung aktiv freigibt.[55] In diesem Fall wird eine Inanspruchnahme gesetzlich fingiert.

Ist der Anmelder nicht der Erfinder und fand kein Rechtsübergang statt, handelt der Anmelder unberechtigt. In diesem Fall liegt eine widerrechtliche Entnahme (Vindikation) vor und der Berechtigte kann vom Anmelder verlangen, dass ihm die Anmeldung bzw. das Patent übertragen wird.

Der widerrechtlich Entnommene kann mit einem Einspruch oder einer Nichtigkeitsklage seine Rechte durchsetzen. Insbesondere kann der Berechtigte mit einem Einspruch[56] oder einer Nichtigkeitsklage[57] das widerrechtlich erworbene Patent für nichtig erklären

---

[50] Mediger, GRUR 1952, 67.
[51] § 7 Absatz 1 Patentgesetz.
[52] § 37 Absatz 1 Satz 1 Patentgesetz.
[53] § 37 Absatz 1 Satz 3 Patentgesetz.
[54] § 7 Absatz 1 Arbeitnehmererfindungsgesetz.
[55] § 6 Absatz 2 Arbeitnehmererfindungsgesetz.
[56] § 59 Absatz 1 Satz 1 i.V.m. § 21 Absatz 1 Nr. 3 Patentgesetz.
[57] § 81 Absatz 1 Satz 1 i.V.m. §§ 22, 21 Absatz 1 Nr. 3 Patentgesetz.

lassen. Alternativ steht dem Berechtigten die Möglichkeit offen, eine Vindikationsklage zu erheben.[58]

2.8   Patentierungsvoraussetzungen

Die unabhängigen Ansprüche einer Patentanmeldung müssen neu sein, auf einer erfinderischen Tätigkeit basieren und gewerblich anwendbar sein, damit Patentfähigkeit der beanspruchten Erfindung vorliegt.[59] Die unabhängigen Ansprüche sind diejenigen, die sich nicht auf vorhergehende Ansprüche rückbeziehen.

Neuheit
Ein Anspruch ist neu, wenn er nicht zum Stand der Technik gehört.[60] Als Stand der Technik werden sämtliche Kenntnisse bezeichnet, die vor dem Anmelde- bzw. Prioritätstag der Öffentlichkeit bekannt gemacht wurden. Die Bekanntmachung kann dabei in beliebiger Form erfolgt sein, beispielsweise in schriftlicher oder mündlicher Form, durch Benutzung oder in sonstiger Weise.[61]

Neuheitsschädlich können auch Patentanmeldungen sein, die vor dem Anmelde- bzw. Prioritätstag beim Patentamt eingereicht wurden, die aber erst am oder nach dem Anmelde- oder Prioritätstag veröffentlicht wurden.[62] Dieser sogenannte „nachveröffentlichte" Stand der Technik wird jedoch nicht bei der Bewertung der erfinderischen Tätigkeit berücksichtigt, da er nicht mit anderen Dokumenten kombiniert werden konnte.[63]

Erfinderische Tätigkeit
Ein Fachmann wird eine technische Lehre nicht stur anwenden, sondern sie anhand seines Fachwissens und Fachkönnens anpassen. Abwandlungen von technischen Lehren sind daher gang und gäbe. Wären derartige Abwandlungen bereits patentfähig, wäre das Patentrecht eher schädlich als förderlich, denn es würde die normale Tätigkeit eines Fachmanns behindern.[64] Aus diesem Grund sind sämtliche Abwandlungen des bestehenden Stands der Technik, die für den Fachmann aufgrund seines Fachwissens und Fachkönnens naheliegend sind, nicht schutzfähig.[65]

Zur Bewertung der erfinderischen Tätigkeit wird auf einen fiktiven Durchschnittsfachmann abgestellt, der mit Entwicklungstätigkeiten auf dem betreffenden technischen Gebiet

---

[58] § 8 Patentgesetz.

[59] § 1 Absatz 1 Patentgesetz.

[60] § 3 Absatz 1 Satz 1 Patentgesetz.

[61] § 3 Absatz 1 Satz 2 Patentgesetz.

[62] § 3 Absatz 2 Patentgesetz.

[63] § 4 Satz 2 Patentgesetz.

[64] Ann, § 18. Erfinderische Leistung in Ann, Patentrecht, 8. Auflage 2022, Rn. 2.

[65] § 4 Satz 1 Patentgesetz.

betraut werden würde.[66] Der Fachmann weist ein Fachwissen und ein Fachkönnen auf. Das Fachwissen umfasst ein fachspezifisches Wissen und ein allgemeines technisches Wissen.[67] Der Fachmann kann damit aus einer Patentschrift auch Aspekte „mitlesen", die nicht explizit genannt werden.

Das Fachkönnen des patentrechtlichen Fachmanns hat sich dieser durch seine Arbeitsroutine und eigene Experimente erworben. Dem fiktiven Durchschnittsfachmann des Patentrechts ist daher eine kreative Leistung zuzubilligen, die jedoch nicht das Niveau der erfinderischen Tätigkeit nach Patentgesetz erreicht.[68]

Sogenannter nachveröffentlichter Stand der Technik sind Anmeldungen, die vor dem Anmelde- bzw. Prioritätstag beim Patentamt eingereicht wurden und erst am oder nach dem Anmelde- bzw. Prioritätstag vom Patentamt veröffentlicht wurden. Dieser besondere Stand der Technik wird bei der Beurteilung der erfinderischen Tätigkeit nicht berücksichtigt, da er nicht mit anderen Dokumenten des Stands der Technik kombiniert werden konnte und daher zwar die Neuheit, aber nicht die erfinderische Tätigkeit in Frage stellen kann.[69]

Could-Would-Test

Ein Anspruch weist nicht bereits eine mangelnde erfinderische Tätigkeit auf, bloß weil sich der Anspruch aus einer beliebigen Kombination von Dokumenten des Stands der Technik ergibt. Zusätzlich muss der Fachmann auch einen Anlass gehabt haben, diese Dokumente zu kombinieren.[70] Liegt dieser Anlass nicht vor, war die Kombination der Dokumente nicht naheliegend und es war erfinderisch, genau diese Dokumente zu kombinieren.

Der Could-Would-Test soll insbesondere Ex-Post-Betrachtungen ausschließen, die der Situation des Erfinders zum Zeitpunkt der Schaffung der Erfindung, der den Weg zur Schaffung der Erfindung noch nicht kannte, nicht gerecht werden.[71]

Gewerbliche Anwendbarkeit

Dieses Kriterium ist nahezu stets erfüllt, da bereits irgendeine Möglichkeit der Benutzung des Gegenstands des betreffenden Anspruchs auf irgendeinem gewerblichen Gebiet hierzu ausreichend ist.[72] Nur ein in jeder Hinsicht nutzloses Produkt könnte an dem Kriterium der gewerblichen Anwendbarkeit scheitern.

---

[66] Benkard PatG/Asendorf/Schmidt/Tochtermann, 12. Aufl. 2023, PatG § 4 Rdn. 72.

[67] Benkard PatG/Asendorf/Schmidt/Tochtermann, 12. Aufl. 2023, PatG § 4 Rdn. 69.

[68] § 4 Satz 1 Patentgesetz; BGH GRUR 1986, 372 – Thrombozytenzählung.

[69] § 4 Satz 2 Patentgesetz.

[70] BGH GRUR 2010, 407 einteilige Öse.

[71] EPA T 47/91; Singer/Stauder/Luginbühl Art 56 EPÜ Rn 56; zu deren Unzulässigkeit BGH GRUR 2001, 232 Brieflocher.

[72] BGH 1985, 117 – Offensichtlichkeitsprüfung.

2.9   Erteilungsverfahren

Das deutsche Patentamt führt direkt nach Eingang der Anmeldeunterlagen eine formale
Prüfung durch, ob den Unterlagen ein Anmeldetag zugebilligt werden kann. Eine inhalt-
liche Prüfung, an deren positiven Ende die Patenterteilung steht, wird erst nach Stellen
eines Prüfungsantrags vom Patentamt aufgenommen. Statt eines Prüfungsantrags kann
ein Rechercheantrag gestellt werden, der eine Recherche nach dem relevanten Stand der
Technik zur Folge hat, ohne dass das Patentamt eine Bewertung des Gegenstands der
Anmeldung vor dem Hintergrund des recherchierten Stands der Technik abgibt.

Offensichtlichkeitsprüfung
Das Patentamt führt eine formale Prüfung der Anmeldeunterlagen durch, bei der festgestellt wird, ob die Anmeldung einen Antrag auf Patenterteilung, eine Angabe des
Anmelders und die sonstigen Bestandteile einer Patentanmeldung enthält.[73] Außerdem
muss den Anmeldeunterlagen eine Zusammenfassung zu entnehmen sein.[74] Gegebenenfalls fordert das Patentamt den Anmelder innerhalb einer vorgegebenen Frist auf,
beanstandete Mängel zu beheben. Werden die Mängel nicht innerhalb der Frist beseitigt,
wird die Anmeldung zurückgewiesen.[75]

Ist jedoch der Gegenstand der Anmeldung von der Patentfähigkeit ausgeschlossen
ist, wird der Anmelder darüber informiert und erhält die Möglichkeit, innerhalb einer
Frist Stellung zu nehmen.[76] Kann der Anmelder das Patentamt nicht vom Gegenteil
überzeugen, wird die Anmeldung zurückgewiesen.[77]

Antrag auf Recherche
Der Anmelder kann einen Antrag auf Recherche stellen.[78] Das Patentamt wird dann den
zur Prüfung der Patentfähigkeit relevanten Stand der Technik ermitteln. Sollte sich ergeben, dass in dem Anspruchssatz mehrere unabhängige Erfindungen beschrieben sind, so
richtet sich die Recherche nach der zuerst benannten Erfindung.[79]

Antrag auf Prüfung
Der Anmelder, und jeder Dritte, kann einen Antrag auf Prüfung stellen. In diesem Fall
wird nicht nur der Stand der Technik ermittelt, der zur Bewertung der Erteilungsfähigkeit
zu berücksichtigen ist, sondern das Patentamt teilt auch seine Beurteilung der Erteilungsfähigkeit in Form eines Bescheids mit. Der Prüfungsantrag muss innerhalb einer Frist von

---

[73] § 42 Absatz 1 Satz 1 i.V.m. § 34 Patentgesetz.
[74] § 42 Absatz 1 Satz 1 i.V.m. § 36 Patentgesetz.
[75] § 42 Absatz 3 Satz 1 Patentgesetz.
[76] § 1 Absatz 3 oder nach § 2 Patentgesetz; § 42 Absatz 2 Patentgesetz.
[77] § 42 Absatz 3 Satz 1 Patentgesetz.
[78] § 43 Absatz 1 Satz 1 Patentgesetz.
[79] § 43 Absatz 6 i.V.m. § 34 Absatz 5 Patentgesetz.

sieben Jahren nach dem Anmeldetag gestellt werden. Andernfalls wird die Anmeldung zurückgewiesen.[80]

Wird der Prüfungsantrag gleichzeitig oder zumindest zeitnah mit der Einreichung der Anmeldeunterlagen gestellt, bemüht sich das Patentamt innerhalb der Prioritätsfrist von einem Jahr den ersten Bescheid dem Anmelder zur Verfügung zu stellen. Der Anmelder kann dann anhand der Stellungnahme des Patentamts zur Patentfähigkeit der Anmeldung entscheiden, ob Nachanmeldungen im Ausland sinnvoll sind.

Prüfungsverfahren

Im Prüfungsverfahren wird geprüft, ob ein Anspruchssatz herausgearbeitet werden kann, der neu und erfinderisch ist. Typischerweise werden zwei bis drei Bescheide des Patentamts zu erwidern sein, bis eine Klärung der rechtlichen Situation erreicht ist. Es liegen dann erteilungsfähige Anspruchsformulierungen vor oder die Anmeldung wird zurückgewiesen.

Der Anmelder sollte höchst vorsorglich mit seiner Erwiderung des Bescheids des Patentamts einen Antrag auf mündliche Anhörung stellen.[81] Kann im schriftlichen Verfahren keine erteilungsfähigen Anspruchsformulierungen gefunden werden, besteht dann noch die Chance in der mündlichen Anhörung zu einer Patenterteilung zu gelangen.

Das Patenterteilungsverfahren dauert aktuell zwischen drei und acht Jahre. Ein Anmelder sollte daher nicht die Patenterteilung abwarten und erst danach mit der Ausbeutung der Erfindung beginnen. Eine viel bessere Strategie ist es, sofort nach der Einreichung der Anmeldeunterlagen die Verwertung der Erfindung zu betreiben. In diesem Fall hat der Anmelder bereits nach einigen Monaten eine Vorstellung von der wirtschaftlichen Bedeutung seiner Erfindung erlangt und kann entscheiden, ob sich Nachanmeldungen im Ausland unter Inanspruchnahme der Priorität der ersten Anmeldung lohnen. Hierbei sollte die einjährige Prioritätsfrist nicht in Vergessenheit geraten.

Eingabe Dritter

Das Prüfungsverfahren findet zwischen dem Anmelder und dem Patentamt statt. Weitere Beteiligte sind nicht vorgesehen. Allerdings ist es jedem Dritten gestattet, dem Patentamt Dokumente zur Verfügung stellen, die die Patentfähigkeit infrage stellen können.[82]

Anmelderbeschwerde

Gegen einen Zurückweisungsbeschluss des Patentamts besteht die Möglichkeit der Beschwerde vor dem Bundespatentgericht.[83] Die Beschwerde kann innerhalb einer Frist von einem Monat nach Zustellung des anzufechtenden Beschlusses beim Deutschen

---

[80] *§ 44 Absatz 2 Satz 1 Patentgesetz.*
[81] § 46 Absatz 1 Satz 3 Patentgesetz.
[82] *§ 43 Absatz 3 Satz 2 Patentgesetz.*
[83] § 47 Absatz 2 Satz 1 Patentgesetz.

Patent- und Markenamt eingereicht werden.[84] Der Prüfungsstelle, die die Zurückweisung abgesetzt hat, wird die Möglichkeit der Abhilfe gegeben. Falls keine Abhilfe erfolgt, wird die Beschwerde ohne einen Kommentar des Patentamts an das Bundespatentgericht weitergeleitet.[85]

2.10 Einspruch

Mit einem Einspruch kann die Rechtsbeständigkeit eines erteilten deutschen Patents überprüft werden. Einsprechender kann jedermann sein. Es ist kein besonderes Rechtsschutzinteresse nachzuweisen.

Einspruchsfrist
Ein Einspruch kann innerhalb einer neunmonatigen Frist nach Veröffentlichung der Patenterteilung beim Patentamt eingelegt werden. Der Einspruch muss mit Gründen versehen sein.[86]

Einspruchsgründe
Ein Patent wird insbesondere widerrufen, wenn es nicht neu und erfinderisch ist bzw. sein Gegenstand grundsätzlich nicht patentfähig ist.[87] Ein weiterer Widerrufsgrund liegt vor, wenn die geschützte technische Lehre nicht für den Fachmann ausführbar ist.[88] Außerdem liegt eine unzulässige Erweiterung vor, falls der Gegenstand der Ansprüche nicht den ursprünglich eingereichten Anmeldeunterlagen zu entnehmen ist.[89]

Der Widerrufsgrund wegen widerrechtlicher Entnahme kann nur vom Verletzten selbst geltend gemacht werden.[90] Widerrechtliche Entnahme bzw. Vindikation liegt vor, falls ein Unberechtigter die Erfindung zum Patent angemeldet hat.[91]

Verfahren
Das Einspruchsverfahren findet vor einer Patentabteilung des deutschen Patentamts statt.[92] Das Einspruchsverfahren startet mit einem schriftlichen Teil, bei dem die Beteiligten

---

[84] § 73 Absatz 2 Satz 1 Patentgesetz.
[85] § 73 Absatz 3 Satz 3 Patentgesetz.
[86] § 59 Absatz 1 Satz 2 Patentgesetz.
[87] § 21 Absatz 1 Nr.1 i.V.m. §§ 1 bis 5 Patentgesetz.
[88] § 21 Absatz 1 Nr. 2 Patentgesetz.
[89] § 21 Absatz 1 Nr. 4 Patentgesetz.
[90] § 59 Absatz 1 Satz 1 Patentgesetz.
[91] § 21 Absatz 1 Nr. 3 Patentgesetz.
[92] § 61 Absatz 1 Satz 1 Patentgesetz.

Schriftstücke über die Rechtsbeständigkeit des Streitpatents austauschen. Hat einer der Beteiligten einen Antrag auf mündliche Verhandlung gestellt oder hält das Patentamt es für sinnvoll, findet vor der Entscheidungsfindung der Patentabteilung eine mündliche Verhandlung statt.[93] Gegen die Entscheidung des Patentamts kann eine Einspruchsbeschwerde vor dem Bundespatentgericht erhoben werden.

Entscheidung

Die Entscheidung über den Einspruch ergeht durch Beschluss der Patentabteilung.[94] Das Streitpatent kann vollständig widerrufen werden oder beschränkt aufrechterhalten bleiben. Ist der Einspruch erfolglos, bleibt das Streitpatent in vollem Umfang erhalten. Eine beschränkte Aufrechterhaltung kann sich durch eine Änderung der Ansprüche, der Beschreibung oder der Zeichnungen ergeben.[95] Die Entscheidung der Einspruchsabteilung wirkt von Anfang an. Ein widerrufenes Patent konnte daher zu keinem Zeitpunkt eine Wirkung entfalten.[96]

Beitritt zum Einspruchsverfahren

Ein Dritter, gegen den ein Patentverletzungsverfahren anhängig ist, kann einem laufenden Einspruchsverfahren beitreten, auch falls die Einspruchsfrist bereits abgelaufen ist. Der Beitritt kann bis zu einer Frist von drei Monaten nach einer Klageerhebung gegen den Dritten vom Patentinhaber erklärt werden.[97]

Amtsermittlungsgrundsatz

Die Patentabteilung wird das Einspruchsverfahren fortsetzen, wenn der Einsprechende seinen Einspruch zurücknimmt. Dies gilt nicht, wenn der einzige Widerrufsgrund eine widerrechtliche Entnahme ist. In diesem Fall wird das Verfahren beendet.[98]

Kosten

Beim Einspruchsverfahren trägt jede Partei ihre Kosten selbst. Der Einsprechende hat zusätzlich eine Einspruchsgebühr zu entrichten. Das Unterliegensprinzip, bei dem die unterlegene Partei die Kosten der gegnerischen Partei übernehmen muss, gilt im Einspruchsverfahren nicht.[99]

---

[93] § 59 Absatz 3 Satz 1 Patentgesetz.
[94] § 61 Absatz 1 Satz 1 Patentgesetz.
[95] § 21 Absatz 2 Satz 2 Patentgesetz.
[96] § 21 Absatz 3 Satz 1 Patentgesetz.
[97] § 59 Absatz 2 Satz 1 Patentgesetz.
[98] § 61 Absatz 1 Sätze 3 und 4 Patentgesetz.
[99] § 62 Patentgesetz.

2.11   Nichtigkeit

Ist die Einspruchsfrist bereits abgelaufen, kann nur noch mit einer Nichtigkeitsklage vor dem Bundespatentgericht gegen ein erteiltes deutsches Patent vorgegangen werden. Zur Einreichung einer Nichtigkeitsklage ist keine Frist zu beachten. Das Erheben einer Nichtigkeitsklage vor Ablauf der Einspruchsfrist ist jedoch ausgeschlossen.[100]

Nichtigkeitsgründe

Die Widerrufsgründe entsprechen denen des Einspruchsverfahrens. Ein Patent wird für nichtig erklärt, wenn es nicht neu und erfinderisch ist bzw. sein Gegenstand grundsätzlich nicht patentfähig ist.[101] Ein weiterer Widerrufsgrund liegt vor, wenn die geschützte technische Lehre nicht für den Fachmann ausführbar ist.[102] Eine unzulässige Erweiterung liegt vor, falls der Gegenstand der Ansprüche nicht den ursprünglich eingereichten Anmeldeunterlagen zu entnehmen ist.[103] Zusätzlich kann ein Patent für nichtig erklärt werden, wenn es in einem Einspruchsverfahren unzulässig erweitert wurde.[104] Wurden wesentliche Inhalte des Streitpatents widerrechtlich entnommen, liegt außerdem ein Nichtigkeitsgrund vor.[105]

Inhalte einer Nichtigkeitsklage

Die Nichtigkeitsklage wird durch das Einreichen der Klageschrift erhoben. Der Klageschrift muss der Kläger, der Beklagte, das angegriffene Patent und eine Angabe zu entnehmen sein, in welchem Umfang das Patent angegriffen wird bzw. für welche Ansprüche des Patents eine Nichtigerklärung beantragt wird. Die Klage ist mit Gründen zu versehen und es sind die Tatsachen und Dokumente beizufügen, auf denen die Widerrufsgründe basieren. Fehlen essentielle Teile der Klage, wird das Bundespatentgericht den Kläger auffordern, diese Teile nachzureichen. Dem Kläger wird hierzu eine Frist gesetzt.[106]

Verfahren

Das Bundespatentgericht übermittelt die Klageschrift dem Beklagten und gibt ihm die Möglichkeit, innerhalb einer Frist von einem Monat zu widersprechen.[107]

Ohne Widerspruch des Beklagten gilt das vom Kläger Behauptete als erwiesen und das Bundespatentgericht entscheidet umgehend ohne mündliche Verhandlung.[108]

---

[100] § 81 Absatz 2 Satz 1 Patentgesetz.

[101] § 22 Absatz 1 i.V.m. § 21 Absatz 1 Nr.1 i.V.m. §§ 1 bis 5 Patentgesetz.

[102] § 22 Absatz 1 i.V.m. § 21 Absatz 1 Nr. 2 Patentgesetz.

[103] § 21 Absatz 1 Nr. 4 Patentgesetz.

[104] § 22 Absatz 1 i.V.m. § 21 Absatz 1 Nr. 4 Patentgesetz.

[105] § 22 Absatz 1 i.V.m. § 21 Absatz 1 Nr. 3 Patentgesetz.

[106] § 81 Absatz 5 Sätze 1 bis 3 Patentgesetz.

[107] § 82 Absatz 1 Patentgesetz.

[108] § 82 Absatz 2 Patentgesetz.

Widerspricht der Beklagte, kann er innerhalb einer Frist von zwei Monaten nach Zustellung der Klage seinen Widerspruch begründen. Der Widerspruch wird dem Kläger mitgeteilt.[109]

Der Vorsitzende des Nichtigkeitssenats bestimmt einen Termin zur mündlichen Verhandlung, der den Parteien mitgeteilt wird. Auf eine mündliche Verhandlung kann verzichtet werden, wenn die Parteien zustimmen.[110]

Der Nichtigkeitssenat kann den Parteien innerhalb einer Frist von sechs Monaten nach Zustellung der Klage einen richterlichen Hinweis geben, welche Punkte noch zu klären sind und insbesondere bei der mündlichen Verhandlung zu besprechen wären. Zur Vorbereitung des richterlichen Hinweises kann der Nichtigkeitssenat den Parteien eine Möglichkeit zur Stellungnahme unter Fristsetzung geben.[111]

Die Parteien können auf die richterliche Stellungnahme mit einem eigenen Schriftsatz antworten, um ihre, insbesondere abweichende, rechtliche Ansicht zu verdeutlichen.[112]

Werden Angriffs- und Verteidigungsmittel, eine Klageänderung oder eine abgeänderte Fassung eines Anspruchsatzes erst nach einer vom Nichtigkeitssenat gesetzten Frist zur Stellungnahme vorgebracht, können diese als verspätet zurückgewiesen werden.[113]

Entscheidung

Der Nichtigkeitssenat des Bundespatentgerichts entscheidet durch Urteil.[114] Die Entscheidung wirkt „ex tunc", das bedeutet von Anfang an. Ein nichtig erklärtes Patent war daher zu keinem Zeitpunkt von rechtlicher Bedeutung.[115]

Kosten

Vor dem Bundespatentgericht, wie vor einem ordentlichen Gericht, gilt das Unterliegensprinzip. Die unterlegene Partei muss daher die Kosten der obsiegenden Partei und die Gerichtskosten tragen.[116]

2.12 Beschwerde, Rechtsbeschwerde und Berufung .

Die Beschwerde ist das Rechtsmittel, um eine Entscheidung des deutschen Patentamts anzufechten. Mit einer Rechtsbeschwerde vor dem Bundesgerichtshof kann ein Beschwerdeverfahren überprüft werden. Die Nichtigkeitsberufung vor dem Bundesgerichtshof ist die Revisionsinstanz für ein Nichtigkeitsverfahren vor dem Bundespatentgericht.

---

[109] § 82 Absatz 3 Sätze 1 und 2 Patentgesetz.
[110] § 82 Absatz 4 Sätze 1 und 2 Patentgesetz.
[111] § 83 Absatz 1 Sätze 1, 2 und 4 Patentgesetz.
[112] § 83 Absatz 2 Satz 1 Patentgesetz.
[113] § 83 Absatz 4 Patentgesetz.
[114] § 84 Absatz 1 Satz 1 Patentgesetz.
[115] § 22 Absatz 2 i.V.m. § 21 Absatz 3 Satz 1 Patentgesetz.
[116] § 84 Absatz 2 Satz 2 Patentgesetz.

Beschwerde vor dem Bundespatentgericht

Die Beschwerde vor dem Bundespatentgericht dient der Anfechtung einer Entscheidung des Patentamts, beispielsweise einer Zurückweisung einer Patentanmeldung oder eines Einspruchs.[117] Die Beschwerde ist innerhalb eines Monats nach Zugang des Beschlusses beim Patentamt zu erheben.[118]

Die Beschwerde wird zunächst der Stelle oder Abteilung des Patentamts zugeleitet, die den angegriffenen Beschluss gefasst hat. Stellt die betreffende Stelle des Patentamts fest, dass die Beschwerde begründet ist, ändert sie ihren Beschluss ab. Der Beschwerde kann so „abgeholfen" werden.[119] Wird der Beschwerde nicht abgeholfen, wird die Beschwerde ohne eine Stellungnahme des Patentamts an das Bundespatentgericht weitergereicht.[120]

Es ist dem Präsidenten des Patentamts gestattet, falls dies aus seiner Sicht zur Wahrung des öffentlichen Interesses erforderlich ist, zu einem Beschwerdeverfahren Erklärungen vor dem Patentgericht in schriftlicher Form abzugeben.[121] Der Präsident des Patentamts kann alternativ, falls in dem Beschwerdeverfahren Rechtsfragen von grundsätzlicher Bedeutung aufgeworfen werden, dem Beschwerdeverfahren als Beteiligter beitreten, falls das Bundespatentgericht dies gestattet.[122]

Die Beschlussfassung beendet das Beschwerdeverfahren.[123] Eine Beschwerde, die unzulässig ist, wird ohne mündliche Verhandlung verworfen.[124]

Alternativ kann das Bundespatentgericht den angefochtenen Beschluss aufheben und an das Patentamt zurückverweisen, ohne selbst in der Sache zu entscheiden. Dies erfolgt, falls das angefochtene Verfahren vor dem Patentamt einen wesentlichen Mangel aufweist oder falls neue Tatsachen oder Beweismittel vorliegen, die als wesentlich für den angefochtenen Beschluss zu werten sind.[125] Das Patentamt hat die rechtliche Würdigung des Bundespatentgerichts, die zur Aufhebung geführt hat, bei seiner neuerlichen Entscheidung zu berücksichtigen.[126]

Rechtsbeschwerde

Eine Rechtsbeschwerde dient der rechtlichen Prüfung eines Beschwerdeverfahrens vor dem Bundesgerichtshof. Allerdings muss das Bundespatentgericht die Rechtsbeschwerde

---

[117] § 73 Absatz 1 Patentgesetz.
[118] § 73 Absatz 2 Satz 1 Patentgesetz.
[119] § 73 Absatz 3 Satz 1 Patentgesetz.
[120] § 73 Absatz 3 Satz 3 Patentgesetz.
[121] § 76 Satz 1 Patentgesetz.
[122] § 77 Satz 1 Patentgericht.
[123] § 79 Absatz 1 Patentgesetz.
[124] § 79 Absatz 2 Patentgesetz.
[125] § 79 Absatz 3 Satz 1 Nr. 2 und 3 Patentgesetz.
[126] § 79 Absatz 3 Satz 2 Patentgericht.

zugelassen haben oder das Beschwerdeverfahren wesentliche Mängel aufweisen, beispielsweise das Verletzen des rechtlichen Gehörs oder dass dem Beschluss des Bundespatentgerichts Gründe fehlen.[127]

Das Bundespatentgericht wird die Rechtsbeschwerde zulassen, wenn im Beschwerdeverfahren über eine Sache von grundlegender Bedeutung entschieden wurde. Hierdurch soll eine einheitliche Rechtsprechung sichergestellt werden.[128]

Berufung

Die Berufung vor dem Bundesgerichtshof ist das Rechtsmittel zur Prüfung eines Nichtigkeitsurteils des Bundespatentgerichts.[129] Eine Berufung ist innerhalb eines Monats nach Zustellung des Urteils des Bundespatentgerichts beim Bundesgerichtshof einzureichen.[130]

Die Nichtigkeitsberufung ist eine Revisionsinstanz. Es werden keine neuen Tatsachen zugelassen. Eine Nichtigkeitsberufung dient allein der Bewertung, ob vom Nichtigkeitssenat des Bundespatentgerichts die Rechtsnormen richtig angewandt wurden.[131]

2.13 Wirkung und Grenzen des Patentschutzes

Ein erteiltes deutsches Patent gewährt seinem Patentinhaber einen Unterlassungsanspruch gegen jede Patentverletzung. Es genügt hierzu eine drohende Erstbegehungsgefahr, beispielsweise weil bereits angekündigt wurde, das Patent nicht zu respektieren, bzw. eine Wiederholungsgefahr, da das Patent bereits in der Vergangenheit verletzt wurde. Bei Verschulden, wovon in aller Regel auszugehen ist, kann der Patentinhaber vom Verletzer Schadensersatz verlangen.

Unterlassungsanspruch

Ein Unterlassungsanspruch ergibt sich, wenn sämtliche Merkmale eines Anspruchs durch ein Produkt oder ein Verfahren eines Unberechtigten realisiert werden (unmittelbare Patentverletzung)[132] bzw. bereits wenn wesentliche Merkmale erfüllt sind (mittelbare Patentverletzung)[133]. Verschulden, also Vorsatz oder Fahrlässigkeit, ist keine Voraussetzung des Unterlassungsanspruchs.

Sonstige Ansprüche

In aller Regel wird bei einer Patentverletzung von Verschulden, also Vorsatz oder Fahrlässigkeit, ausgegangen, sodass dem Patentinhaber regelmäßig ein Schadensersatzanspruch

---

[127] § 100 Absatz 1 Patentgesetz.
[128] § 100 Absatz 2 Patentgesetz.
[129] § 110 Absatz 1 Patentgesetz.
[130] § 110 Absatz 3 Satz 1 Patentgesetz.
[131] § 111 Absatz 2 i.V.m. § 111 Absatz 1 Patentgesetz.
[132] § 139 Absatz 1 Satz 1 i.V.m. § 9 Patentgesetz.
[133] § 139 Absatz 1 Satz 1 i.V.m. § 10 Patentgesetz.

zusteht.[134] Außerdem kann der Patentinhaber einen Rückrufanspruch geltend machen und verlangen, dass patentverletzende Produkte endgültig aus dem Vertriebsweg entfernt werden.[135] Zusätzlich besteht ein Auskunftsanspruch, sodass der Patentinhaber über die Vertriebswege und die Herkunft der patentverletzenden Produkte in Kenntnis zu setzen ist.[136] Dem Patentinhaber steht ein Vernichtungsanspruch zu. Der Patentinhaber kann daher die Vernichtung patentverletzender Produkte verlangen. Allerdings sind hierbei die berechtigten Interessen Dritter zu berücksichtigen.[137] Außerdem kann der Patentinhaber dasjenige herausverlangen, das der Verletzer unter Benutzung des Patents auf Kosten des Patentinhabers erlangt hat.[138]

Anspruchsberechtigung

Die Ansprüche aus einem Patent kann der Patentinhaber und ein exklusiver Lizenznehmer geltend machen. Ein einfacher Lizenznehmer ist nicht aktivlegitimiert, kann jedoch durch gewillkürte Prozessstandschaft berechtigt werden.[139]

Grenzen des Patentschutzes

Eine private Nutzung kann vom Patentinhaber nicht verhindert werden.[140] Die Einzelzubereitung eines Medikaments durch einen Apotheker ist ebenfalls außerhalb des Schutzumfangs eines Patents.[141]

DerPatentinhaber ist gezwungen, die technische Lehre seines Patents in der Anmeldung so zu beschreiben, dass sie von einem Fachmann ausgeführt werden kann. Außerdem ist der Patentinhaber verpflichtet, dem Patentamt zu gestatten, die patentgeschützte technische Lehre der Öffentlichkeit zugänglich zu machen. Es ist daher nur folgerichtig, dass ein Versuchsprivileg besteht, wonach es jedermann gestattet ist, die technische Lehre des Patentinhabers Experimenten zu unterwerfen, um Näheres über die Erfindung herauszufinden.[142] Haben die Experimente jedoch nicht die Erforschung der patentgeschützten Erfindung zum Ziel, können sie vom Patentinhaber verboten werden.[143]

---

[134] § 139 Absatz 2 Satz 1 Patentgesetz.

[135] § 140a Absatz 3 Satz 1 Patentgesetz.

[136] § 140b Absatz 1 Patentgesetz.

[137] § 140a Patentgesetz.

[138] § 812 Absatz 1 Satz 1 BGB.

[139] Mes, 5. Aufl. 2020, PatG § 139 Rn. 44–51; Osterrieth, Teil 6. Patentverletzung Osterrieth, Patentrecht, 6. Auflage 2021, Rn. 927.

[140] § 11 Nr. 1 Patentgesetz.

[141] § 11 Nr. 1 Patentgesetz.

[142] § 11 Nr. 2 Patentgesetz.

[143] BGH 11.7.1995 – X ZR 99/92, GRUR 1996, 109 – Klinische Versuche I; BGH 17.4.1997 – X ZR 68/94, NJW 1997, 3092 – Klinische Versuche II.

Außerdem ist ein Vorbenutzungsrecht desjenigen zu beachten, der die technische Lehre der Erfindung zum Anmelde- oder Prioritätszeitpunkt bereits in Benutzung hatte oder deren Benutzung ernsthaft vorbereitet hatte.[144]

2.14 Verletzungsverfahren

Eine Abmahnung ist die letzte Möglichkeit, eine Patentverletzung außergerichtlich aus der Welt zu schaffen. Ist die rechtliche Situation unklar, wäre es jedoch empfehlenswert, zunächst eine Berechtigungsanfrage an den potenziellen Verletzer zu richten. Liegt Dringlichkeit vor, beispielsweise wegen einer anstehenden Fachmesse, kann eine einstweilige Verfügung angestrebt werden. Ansonsten bleibt der Klageweg vor einem ordentlichen Gericht.

Berechtigungsanfrage
Ist sich der Patentinhaber nicht sicher, dass tatsächlich eine Patentverletzung vorliegt, kann zunächst zur rechtlichen Abklärung eine Berechtigungsanfrage an den potenziellen Verletzer adressiert werden. Dem potenziellen Verletzer wird damit die Möglichkeit eingeräumt, beispielsweise auf ein Vorbenutzungsrecht hinzuweisen. Außerdem kann auf Merkmale der angeblich patentverletzenden Produkte aufmerksam gemacht werden, die eine Patentverletzung ausschließen.

Abmahnung
Eine Abmahnung muss einem Verletzer klar zu erkennen geben, dass dies die letzte Möglichkeit ist, eine Patentverletzung außergerichtlich aus der Welt zu schaffen und dass bei Scheitern des Abmahnversuchs der Klageweg beschritten wird.

Eine Abmahnung muss eine Aufforderung zur Abgabe einer strafbewehrten Unterlassungserklärung aufweisen. Typischerweise wird eine bereits vorformulierte Unterlassungserklärung der Abmahnung beigefügt, die vom Verletzer nur noch zu unterzeichnen und zurückzusenden ist.

Die Unterlassungserklärung muss die Vereinbarung einer Vertragsstrafe enthalten, die ausreichend hoch sein muss, um die Ernsthaftigkeit des Unterzeichners zu verdeutlichen, die Patentverletzung zukünftig zu unterlassen.

Eine Abmahnung ist weder für eine einstweilige Verfügung noch ein Klageverfahren eine Voraussetzung. Es kann sofort Klage auf Patentverletzung vor einem ordentlichen Gericht erhoben werden. Allerdings muss der Kläger bei sofortiger Anerkenntnis durch den Beklagten die Kosten des Verfahrens tragen.

---

[144] § 12 Absatz 1 Satz 1 Patentgesetz.

Einstweilige Verfügung

Ist es wichtig, dass schnell eine richterliche Entscheidung gefällt wird, da ansonsten ein nicht mehr gutzumachender Schaden entsteht, kann eine einstweilige Verfügung beantragt werden.[145] Typische Beispiele hierfür sind Fachmessen, die von patentverletzenden Produkten zu bereinigen sind. Eine Entscheidung nach Ende der Messe, dass patentverletzende Produkte nicht hätten ausgestellt werden dürfen, wird für den Patentinhaber nur noch von geringer Bedeutung sein.

Dringlichkeit ist daher eine wesentliche Voraussetzung für den Erlass einer einstweiligen Verfügung. Außerdem muss dem befassten Richter eine ausreichende Sicherheit über den Rechtsbestand des zugrunde liegenden Patents vermittelt werden. Mit einer Patentanmeldung bzw. einem Gebrauchsmuster, die nicht einmal ein amtliches Prüfungsverfahren erfolgreich bestanden haben, wird man es schwer haben, eine einstweilige Verfügung zu erhalten. Ist dann zudem die Patentverletzung anhand der gelieferten Unterlagen dem befassten Richter nicht sofort ersichtlich, wird er kaum ohne Anhörung der Gegenseite eine einstweilige Verfügung erlassen.

Ist daher der Rechtsbestand des Patents nicht durch ein überstandenes Einspruchsverfahren oder ein Nichtigkeitsverfahren erhärtet und die Patentverletzung in der Beurteilung eher schwierig, wird zumindest kurzfristig eine mündliche Verhandlung vor der Entscheidung über die einstweilige Verfügung angesetzt werden.

Angesichts der Tatsache, dass sich Patentverletzungen oft um komplexe technische Sachverhalte drehen, ist ein Abfassen einer einstweiligen Verfügung ohne Anhörung der Gegenseite die Ausnahme.

Klageverfahren

Patentstreitsachen werden vor spezialisierten Patentstreitkammern ausgewählter Landgerichte in erster Instanz und Oberlandesgerichte in zweiter Instanz geführt.[146] Für jedes Bundesland wurden Land- und Oberlandesgerichte ausgewählt, um eine Spezialisierung auf Patentstreitsachen zu ermöglichen. Diese Gerichte sind im jeweiligen Bundesland für Patentverletzungsverfahren allein zuständig.[147]

Das Patentverletzungsverfahren umfasst mehrere Schritte. Zunächst wird vom Patentinhaber eine Klageschrift verfasst, in der das patentverletzende Produkt mit den Merkmalen der Ansprüche des Patents verglichen wird. Die Klageschrift muss insbesondere verdeutlichen, dass das patentverletzende Produkt in den Schutzumfang eines Anspruchs fällt.

Die Klageschrift wird beim Landgericht eingereicht. Das Landgericht übermittelt die Klageschrift dem angeblichen Patentverletzer und fordert ihn unter Fristsetzung auf, zur Klageschrift Stellung zu nehmen. Der Beklagte reicht seine Erwiderung beim Landgericht

---

[145] §§ 935, 940 ZPO.
[146] § 143 Absatz 1 Patentgesetz.
[147] § 143 Absatz 2 Patentgesetz.

ein und der Kläger hat Gelegenheit auf die Erwiderung mit einer Replik zu antworten. Auf die Replik kann der Beklagte mit einer Duplik Stellung beziehen.

Durch das Austauschen der Schriftsätze findet eine eingehende Beleuchtung der strittigen Angelegenheit statt, sodass dem befassten Gericht eine umfassende Erläuterung von beiden Parteien zur Verfügung gestellt wird. Die Parteien und das Gericht sind nach dem schriftlichen Teil sehr gut vorbereitet für die nachfolgende mündliche Verhandlung. Nach Schließen der mündlichen Verhandlung erfolgt die Urteilsverkündung durch das Gericht.

Die Entscheidung des Landgerichts kann durch die Berufung vor dem Oberlandesgericht angefochten werden. Ein Revisionsverfahren gegen die Entscheidung des Oberlandesgerichts vor dem Bundesgerichtshof ist nur in seltenen Ausnahmefällen zulässig.

Vor dem Land- und Oberlandesgericht ist Anwaltspflicht, sodass ein Rechtsanwalt zur Vertretung erforderlich ist. Ein Patentanwalt erfüllt die Anwaltspflicht vor den ordentlichen Gerichten (Land- und Oberlandesgerichte und Bundesgerichtshof) nicht.[148]

2.15   Auslegung von Ansprüchen

Der Startup-Gründer sollte den Wert eines Patents verstehen. Der Wert eines Patents ergibt sich aus seinem Schutzumfang, also aus demjenigen Gegenstand, dessen Benutzung einem Dritten aufgrund des Patents verboten werden kann.

Der Startup-Gründer muss daher in der Lage sein, Ansprüche eines Patents zu verstehen. Aus diesem Verständnis kann er zum einen ermitteln, ob seine eigenen Produkte fremde Patente verletzen. Außerdem ist es ihm mit diesem Wissen möglich, den Wert der eigenen Patente einzuschätzen.

Um den Schutzbereich eines Patents richtig zu verstehen, sind die unabhängigen Ansprüche „auszulegen". Ein richtiges Verständnis entspricht dem Verständnis eines befassten Gerichts, das auf Basis eines Patentanspruchs eine Entscheidung zu fällen hat. „Auslegung" meint, dass die Worte des Anspruchs so zu interpretieren sind, wie sie ein Fachmann verstehen würde.

Die Auslegung einer Rechtsnorm ist eine typische juristische Tätigkeit. Vor der Anwendung einer Rechtsnorm ist diese zwingend auszulegen. Die Juristen haben hierzu mehrere Varianten entwickelt, die aus unterschiedlichen Perspektiven ein Verständnis für die betreffende Rechtsnorm schaffen. Es werden normalerweise alle Auslegungsvarianten angewandt, um aus der Gesamtschau zu einer überzeugenden Interpretation der Rechtsnorm zu gelangen.

Die Patentansprüche eines Patents können als Rechtsnormen aufgefasst werden, da sie von Gesetz her bestimmen, welche Benutzungen unzulässig sind. Entsprechend sind auch Patentansprüche auszulegen, um den gesetzlich bestimmten Schutzumfang korrekt festzulegen.

---

[148] § 78 Absatz 1 Satz 1 ZPO.

Eine Auslegung der Ansprüche ist erforderlich, auch wenn der Wortlaut verständlich erscheint. Ein Verweis auf die Tatsache, dass eine Patenschrift ihr eigenes Lexikon ist, verdeutlicht die unverzichtbare Notwendigkeit der Auslegung vor dem Hintergrund der gesamten Offenbarung der Patentschrift.

Die Auslegung soll sicherstellen, dass dem Patentinhaber der angemessene Schutz zukommt und dass Rechtssicherheit durch eine vorhersagbare und reproduzierbare Interpretation der Ansprüche besteht.[149] Insbesondere muss die Auslegung zur Beseitigung von Unklarheiten und der Feststellung der Bedeutung der einzelnen Begriffe dienen.[150] Schließlich muss es durch die Auslegung möglich sein, die verschiedenen Ausführungsformen der Erfindung zu bestimmen, die vom Anspruch umfasst werden.

Der Schutzbereich eines Patents wird durch den Wortlaut der Patentansprüche bestimmt.[151] Allerdings ist die komplette Patentschrift zur Auslegung heranzuziehen.[152] Erscheint ein Anspruch klar und eindeutig, sind dennoch die Beschreibung und die Zeichnungen der Patentschrift zur Auslegung zu berücksichtigen.[153] Eine Auslegung ist insbesondere notwendig, wenn einzelne Begriffe des Anspruchs unklar sind.[154]

Es sollte jedoch nicht der Trugschluss aufkommen, dass die Beschreibung einen eigenen Schutzumfang entstehen lassen könnte. Die Ansprüche geben auch nicht nur grob die Richtung an, was von dem Patent beansprucht ist. Vielmehr bestimmen die Ansprüche den Schutzbereich.[155] Beschreibung und Zeichnungen dienen nur dazu, die Ansprüche richtig zu verstehen. Ansprüche, Beschreibung und Zeichnungen stellen keine gleichberechtigten Quellen zur Festlegung des Schutzumfangs eines Patents dar. Bestehen Widersprüche zwischen den Ansprüchen und der Beschreibung und den Zeichnungen ist den Ansprüchen bei der Bestimmung des Schutzumfangs stets der Vorrang zu gewähren.

Die unabhängigen Ansprüche spannen jeweils einen eigenen Schutzbereich auf. Die unabhängigen Ansprüche sind daher als unabhängig bezüglich des Schutzumfangs zu sehen. Es kann daher sogar vorkommen, dass identische Begriffe in den unabhängigen Ansprüchen unterschiedlich zu verstehen sind.

---

[149] Artikel 1 des Protokolls über die Auslegung des Artikels 69 EPÜ in der Fassung der Akte zur Revision des EPÜ vom 29. November 2000, https://www.epo.org/law-practice/legal-texts/html/epc/2020/d/ma2a.html, abgerufen am 1.9.2022.

[150] BGH, Urteil vom 12. März 2002 – X ZR 135/01, GRUR 2002, 519 – Schneidmesser II.

[151] § 14 Satz 1 Patentgesetz bzw. Artikel 69 Absatz 1 Satz 1 EPÜ: „Der Schutzbereich des (europäischen) Patents und der (europäischen) Patentanmeldung wird durch die Patentansprüche bestimmt."

[152] § 14 Patentgesetz.

[153] § 14 Satz 2 Patentgesetz bzw. Artikel 69 Absatz 1 Satz 2 EPÜ: „Die Beschreibung und die Zeichnungen sind jedoch zur Auslegung der Patentansprüche heranzuziehen."

[154] BGH, Urteil vom 12. März 2002 – X ZR 135/01, GRUR 2002, 519 – Schneidmesser II.

[155] § 14 Satz 1 Patentgesetz.

Die unabhängigen Ansprüche sind der Hauptanspruch und die nebengeordneten Ansprüche. Der Hauptanspruch ist der Anspruch, der zuerst genannt wird. Die nebengeordneten Ansprüche sind Ansprüche, die sich nicht auf vorhergehende Ansprüche beziehen. Zumeist gehören die unabhängigen Ansprüche unterschiedlichen Patentkategorien an. Patentkategorien sind insbesondere Vorrichtungs- und Verfahrensansprüche.

Varianten der Auslegung von Patentansprüchen
Eine juristische Rechtsnorm kann nach vier Varianten ausgelegt werden. Es kann eine wortsinngemäße Auslegung erfolgen, eine systematische Auslegung, bei der auch die „Nachbarrechtsnormen" zum Verständnis herangezogen werden, eine teleologische Auslegung, bei der danach gefragt wird, was der Gesetzgeber mit der Rechtsnorm bezweckte, und eine historische Auslegung, die die Entstehungsgeschichte der Rechtsnorm berücksichtigt.

Ein Patentanspruch kann keiner historischen Auslegung unterzogen werden, da die Entstehungsgeschichte einer Erfindung nicht ermittelt werden kann und auch nicht relevant ist. Die historische Auslegung entfällt daher bei einem Patentanspruch. Ein Anspruch kann nur nach drei Varianten ausgelegt werden, wobei alle drei Varianten angewandt werden sollten, um den Schutzbereich eines Patents verlässlich festzustellen. Zunächst sollte der Wortsinn des Anspruchs ermittelt werden, bei der nach der Bedeutung jedes einzelnen Worts eines Anspruchs zu fragen ist. Die Gesamtheit der einzelnen Bedeutungen ergibt die wortsinngemäße Auslegung des Anspruchs.

Wortsinngemäße Auslegung
Bei der wortsinngemäßen bzw. wortlautgemäßen Auslegung ergibt die Summe der Wortsinne der Begriffe den Sinngehalt des Anspruchs. Der Anspruch ist daher genau so zu verstehen, wie er geschrieben wurde. Die wortsinngemäße Auslegung ist die zunächst anzuwendende Interpretationsvariante.

Systematische Auslegung
Eine systematische Auslegung wird bereits durch das Patentgesetz gefordert, denn die Bedeutung des Anspruchs ist im Kontext der gesamten Offenbarung der Patentschrift zu ermitteln.[156] Bei der systematischen Auslegung kann sich insbesondere ergeben, dass Begriffe anders als üblich zu verstehen sind. Mit einer systematischen Auslegung können Unklarheiten und Widersprüchlichkeiten in Ansprüchen ausgeräumt werden.

Die systematische Auslegung dient dazu, die unabhängigen Ansprüche, die den Schutzbereich festlegen, im Lichte der Unteransprüche und der Zeichnungen und der Beschreibung der Patentanmeldung zu interpretieren. Allerdings darf dies nicht zu einer unzulässigen Einschränkung des Schutzumfangs auf die Ausführungsformen der Unteransprüche führen.

---

[156] § 14 Satz 2 Patentgesetz.

Teleologische Auslegung

Eine teleologische Auslegung sucht nach der Aufgabe, die ein Anspruch erfüllen soll. Es wird daher nach dem Zweck des Anspruchs geforscht.[157] Eine teleologische Auslegung ist aufgabenorientiert, denn der Gegenstand des auszulegenden Anspruchs wird insoweit ausgelegt, wie die Lösung der technischen Aufgabe es erfordert.[158] Nur diejenigen Ausführungsformen gelten als dem Schutzbereich zugehörig, die die definierte technische Aufgabe lösen.

Eine teleologische Auslegung kann einen zu engen Schutzumfang ergeben, da dem Schutzumfang auch Ausführungsformen angehören können, die nicht die technische Aufgabe erfüllen. Entsprechend ist die teleologische Auslegung eher dazu geeignet zu bestätigen, dass bereits gefundene Ausführungsformen dem Schutzumfang angehören, als einzelne Ausführungsformen aus dem Schutzumfang auszuschließen. Eine Schwierigkeit der teleologischen Auslegung ist insbesondere das Finden der passenden technischen Aufgabe.

Durchschnittsfachmann

Die Auslegung eines Anspruchs erfolgt aus der Perspektive eines Durchschnittsfachmanns auf dem jeweiligen technischen Gebiet. Der patentrechtliche Fachmann ist ein fiktiver Durchschnittsfachmann mit einem durchschnittlichen Können und Fachwissen auf dem einschlägigen technischen Gebiet.[159] Der patentrechtliche Fachmann weist in aller Regel eine Ausbildung als Ingenieur und eine langjährige Berufspraxis auf dem relevanten technischen Gebiet auf.[160] Ein Fachmann wird einen Anspruch so verstehen, dass nur technisch sinnvolle Ausführungsformen durch den Schutzumfang des Anspruchs umfasst sind.

2.16   Wie schreibe ich eine Patentanmeldung?

In diesem Abschnitt wird der Aufbau und die Vorgehensweise bei der Erstellung einer Patentanmeldung vorgestellt. Der Leser kann danach die Qualität eines Entwurfs einer Patentanmeldung bewerten und außerdem selbst Patentanmeldungen erstellen, die sich auf einem gehobenen Niveau befinden.

---

[157] *BGH, Urteil vom 4.2.2010 – Xa ZR 36/08, GRUR 2010, 602 – Gelenkanordnung.*
[158] BGH, Urteil vom 4.2.2010 – Xa ZR 36/08, GRUR 2010, 602 – Gelenkanordnung.
[159] BGH, Urteil vom 9. Januar 2018 – X ZR 14/16, GRUR 2018, 390 – Wärmeenergieverwaltung; BGH, Urteil vom 12. März 2002 – X ZR 43/01, GRUR 2002, 511 – Kunststoffrohrteil.
[160] BGH, Urteil vom 9. Januar 2018 – X ZR 14/16, GRUR 2018, 390 – Wärmeenergieverwaltung; BGH, Urteil vom 12. März 2002 – X ZR 43/01, GRUR 2002, 511 – Kunststoffrohrteil.

Die Bestandteile einer Anmeldung

Eine Patentanmeldung umfasst fünf Bestandteile: den einleitenden Teil, die Zeichnungen, die Beschreibung der Zeichnungen, die Patentansprüche und die Zusammenfassung.[161] Die Zusammenfassung dient ausschließlich der Information der Öffentlichkeit und stellt im engeren Sinne kein Bestandteil der Offenbarung der Erfindung dar.[162] Das Gebrauchsmuster hat keine Zusammenfassung und die Ansprüche heißen beim Gebrauchsmuster nicht Patentansprüche, sondern Schutzansprüche. Ansonsten ähnelt eine Gebrauchsmusteranmeldung sehr einer Patentanmeldung.

Einleitender Teil einer Beschreibung

Der einleitende Teil der Beschreibung beschreibt die logische Entstehung der Erfindung durch die Angabe des Ausgangspunkts, also des Stands der Technik, dem sich der Erfinder gegenüber sah und die technologischen Nachteile des Stand der Technik, aus der sich die technische Aufgabe ergab. Die technische Aufgabe führte zur Erfindung, die diese Aufgabe löst.[163]

Der einleitende Teil einer Patentanmeldung ist der Genese der Erfindung gewidmet. Der einleitende Teil soll hinführen zur Erfindung und den Zweck der Erfindung verdeutlichen. Dieser Abschnitt stellt auch eine Chance dar, um die Recherche des Prüfers im Patentamt bei Beginn der Erteilungsphase in eine Richtung zu lenken, für die die Patentanmeldung bereits vorbereitet wurde. Eine Patenterteilung kann auf diese Weise eventuell erleichtert werden.

Im einleitenden Teil der Beschreibung wird zunächst der Stand der Technik erläutert. Zum Stand der Technik gehören sämtliche Veröffentlichungen vor dem Anmelde- bzw. Prioritätstag. Die Veröffentlichungen können in schriftlicher oder mündlicher Form erfolgt sein. Außerdem können Technologien durch Benutzung der Öffentlichkeit bekannt gemacht worden sein.[164]

Der Stand der Technik sollte ausführlich diskutiert und insbesondere dessen Nachteile herausgearbeitet werden, die zur technischen Aufgabe führen. Die technische Aufgabe sollte nicht lapidar als „Überwindung der Nachteile des Stands der Technik" formuliert werden, sondern beispielsweise als „Reparaturzeiten verkürzen", „Standzeiten verlängern", „Verschnitt vermeiden" oder „Produktionszeiten verkürzen" konkret bezeichnet werden.

Anhand des einleitenden Teils kann daher erfahren werden, von welchem Stand der Technik der Erfinder ausgegangen ist. Der einleitende Teil kann daher sehr gut für eine teleologische Auslegung der Erfindung genutzt werden (Zweck der Erfindung bzw. welche technische Aufgabe von der Erfindung gelöst wird).

---

[161] Artikel 78 Absatz 1 EPÜ (Europäische Patentübereinkunft) bzw. § 34 Absatz 3 Nummern 3 bis 5 Patentgesetz.
[162] Artikel 85 erster Halbsatz EPÜ.
[163] § 10 Absatz 2 Nr. 2 Patentverordnung.
[164] § 3 Absatz 1 Satz 2 Patentgesetz bzw. Artikel 54 Absatz 2 EPÜ.

Bevor eine Patentanmeldung formuliert wird, sollte immer zunächst eine Recherche nach dem Stand der Technik erfolgen. Eine Recherche nach dem Stand der Technik kann zwei Zielrichtungen aufweisen. Zum einen kann es die Aufgabe einer Recherche sein, die Patentfähigkeit einer Erfindung zu klären. In diesem Fall sind alle Veröffentlichungen vor dem Anmelde- bzw. Prioritätstag relevant. Eine andere Zielrichtung ist es, zu klären, ob ein Produkt hergestellt werden kann, ohne fremde Schutzrechte zu verletzen. Im zweiten Fall können die Patente, Patentanmeldungen und Gebrauchsmuster unbeachtet bleiben, die nicht mehr in Kraft sind.

Aus den Nachteilen des recherchierten Stands der Technik ist die technische Aufgabe der Erfindung abzuleiten. Es sollte darauf geachtet werden, dass in der technischen Aufgabe keine Merkmale beschrieben bzw. eindeutig vorweggenommen werden, die zur Erfindung gehören. Ansonsten würde man die erfinderische Leistung verkürzend darstellen.

Außerdem sollten im einleitenden Teil die Ansprüche genannt werden. Es ist außerdem üblich, dass zu jedem Anspruch Erläuterungen, beispielsweise Begriffserklärungen vorgenommen werden, und dass die jeweiligen Vorteile der besonderen Ausführungsformen der unabhängigen Ansprüche und der Unteransprüche erläutert werden.

Zeichnungen
Die Zeichnung ist die Sprache des Technikers. Entsprechend ist es anzuraten, einer Patentanmeldung Zeichnungen beizufügen.

Die Zeichnungen einer Patentanmeldung müssen in einer Qualität sein, dass auch nach mehrmaligem Kopieren das Dargestellte ohne Probleme erkennbar ist. Farbige Abbildungen sind nicht zulässig. Die umfangreichen formalen Voraussetzungen können der Anlage 2 zu § 12 Patentverordnung entnommen werden.

Mit Zeichnungen können sehr schnell sehr viele Informationen wahrgenommen werden, insbesondere mit welchem technischen Gebiet sich die Erfindung beschäftigt. Zusätzlich können bereits die Details der Erfindung verdeutlicht werden, sodass auf Zeichnungen zur Beschreibung der Erfindung keinesfalls verzichtet werden sollte. Ein schnelles Verständnis fremder Patente kann insbesondere durch die Zeichnungen und das Lesen der Ansprüche erreicht werden.

Die Zeichnungen zeigen konkrete Ausführungsformen der Erfindung und stellen in aller Regel spezielle, besonders vorteilhafte, Ausgestaltungen der Erfindung dar.

Die Abb. 2.1 zeigt zwei Patentzeichnungen mit Bezugszeichen, von denen Linien oder Pfeile zu dem Element führen, das durch das jeweilige Bezugszeichen gekennzeichnet werden soll. Die Linien können geschwungen ausgeformt sein, sodass nicht die Gefahr besteht, dass sie als Teil der Darstellung missverstanden werden.

Typischerweise umfassen Patentanmeldungen mehrere Zeichnungen, die teilweise auch dieselben Elemente, beispielsweise aus unterschiedlichen Perspektiven, darstellen. Um die Übersichtlichkeit zu wahren, sollten dieselben Elemente mit denselben Bezugszeichen versehen werden.

Abb. 2.1 Fig. 1 und 2 der
DE3635973 als Beispiele von
Patentzeichnungen

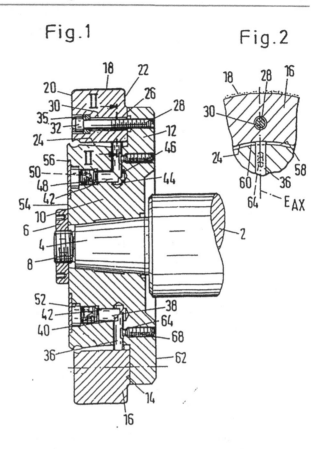

Eine Patentzeichnung muss eine Vielzahl an formalen Voraussetzungen erfüllen, die in der Anlage 2 zu § 12 Patentverordnung formuliert sind. Werden diese Voraussetzungen nicht erfüllt, wird dies vom Patentamt beanstandet und kann innerhalb einer vorgegebenen Frist ohne Gefährdung des frühen Anmeldetags korrigiert werden.

In der Anlage 2 zu § 12 Patentverordnung sind insbesondere folgende Punkte geregelt:

„Die Zeichnungen sind auf Blättern mit folgenden Mindesträndern auszuführen: Oberer Rand: 2,5 cm; linker Seitenrand: 2,5 cm; rechter Seitenrand: 1,5 cm unterer Rand: 1 cm."[165]

Es sind daher Mindest-Seitenränder einzuhalten.

„Zur Darstellung der Erfindung können neben Ansichten und Schnittzeichnungen auch perspektivische Ansichten oder Explosionsdarstellungen verwendet werden. Querschnitte sind

---

[165] Nr. 1 der Anlage 2 zu § 12 Patentverordnung.

durch Schraffierungen kenntlich zu machen, die die Erkennbarkeit der Bezugszeichen und Führungslinien nicht beeinträchtigen dürfen."[166]

Die Schnittzeichnungen sollten, wie dies üblich ist, durch Schraffuren kenntlich gemacht werden. Die Pfeile bzw. Linien von Bezugszeichen zu den zu bezeichnenden Elementen einer Zeichnung können insbesondere als geschwungene Linien ausgebildet werden, um eine Verwechslung mit Teilen der Zeichnung zu vermeiden.

„Die Linien der Zeichnungen sollen nicht freihändig, sondern mit Zeichengeräten gezogen werden. Die für die Zeichnungen verwendeten Ziffern und Buchstaben müssen mindestens 0,32 cm hoch sein. Für die Beschriftung der Zeichnungen sind lateinische und, soweit üblich, griechische Buchstaben zu verwenden."[167]

Die Schriftzeichen sollen eine Mindesthöhe von 0,32 cm aufweisen, damit eine problemlose Lesbarkeit auch nach mehrmaligem Kopieren gewährleistet ist.

„Bezugszeichen dürfen in den Zeichnungen nur insoweit verwendet werden, als sie in der Beschreibung und gegebenenfalls in den Patentansprüchen aufgeführt sind und umgekehrt. Entsprechendes gilt für die Zusammenfassung und deren Zeichnung."[168]

Es ist sinnvoll, dass in Zeichnungen verwendete Bezugszeichen in der Beschreibung genutzt werden.

Beschreibung der Zeichnungen
Anhand der Zeichnungen können die speziellen Ausführungsformen der Erfindung beschrieben werden. Hierbei sollten zunächst die einzelnen Elemente einer Zeichnung beschrieben werden und danach auf die Wirkungsweise der Elemente miteinander eingegangen werden, die zur vorteilhaften Wirkung der Erfindung führt.

Die Beschreibung der Zeichnungen umfasst zwei Abschnitte, nämlich eine „kurze Beschreibung der Zeichnungen", bei der in einem bis zwei Sätzen eine Erläuterung der Figuren erfolgt und einer „detaillierten Beschreibung beispielhafter Ausführungsformen", bei der die speziellen Ausführungsformen in ihren einzelnen Elementen und deren Zusammenwirken beschrieben werden.

Oft umfasst die Beschreibung eine Bezugsliste, bei der den einzelnen Bezugszeichen ihre Bedeutung gegenüber gestellt ist. Eine Bezugsliste kann ein erstes Verstehen der Zeichnungen sehr erleichtern.

---

[166] Nr. 3 der Anlage 2 zu § 12 Patentverordnung.
[167] Nr. 5 der Anlage 2 zu § 12 Patentverordnung.
[168] Nr. 7 der Anlage 2 zu § 12 Patentverordnung.

Ansprüche

Die Ansprüche beschreiben den Schutzbereich eines Patents.[169] Hierbei sind insbesondere die unabhängigen Ansprüche relevant. Die unabhängigen Ansprüche beziehen sich nicht auf vorhergehende Ansprüche und gehören zumeist unterschiedlichen Anspruchskategorien an. Die Gesamtheit der Ansprüche eines Patents wird Anspruchssatz genannt.

Es gibt grundsätzlich zwei Kategorien von Ansprüchen, nämlich Erzeugnis- und Verfahrensansprüche. Mit einem Erzeugnisanspruch kann eine Vorrichtung, insbesondere eine Maschine oder eine Vorrichtung zur Herstellung eines Produkts, oder eines Stoffs, insbesondere einer chemischen Zusammensetzung, beansprucht werden. Ein Verfahrensanspruch kann Schritte zur Herstellung eines Erzeugnisses, zur Anwendung einer Analysemethode oder zur Anwendung eines chemischen Stoffes umfassen.

Der Schutzumfang eines Verfahrensanspruchs umfasst nicht nur das beschriebene Verfahren, sondern zusätzlich das sich direkt aus dem Verfahren ergebende Produkt.[170]

Ein Anspruch kann in einer einteiligen oder einer zweiteiligen Fassung formuliert sein. Bei einer zweiteiligen Fassung wird der Anspruch in einen sogenannten Oberbegriff und einen kennzeichnenden Teil unterteilt. Im Oberbegriff sind die Merkmale enthalten, die aus dem Stand der Technik bekannt sind. Der kennzeichnende Teil umfasst insbesondere diejenigen Merkmale, die für die Neuheit und die erfinderische Tätigkeit verantwortlich sind. Bei der einteiligen Anspruchsformulierung gibt es keine Unterteilung der Merkmale. Dem Anmelder obliegt die Wahl der Formulierungsweise.[171] Insbesondere bei Kombinationserfindungen, bei denen erst die Kombination der Merkmale zur Erfindung führt und keinem einzelnen Merkmal eine besondere Rolle bezüglich der erfinderischen Tätigkeit zugeordnet werden kann, ist eine einteilige Anspruchsformulierung zu bevorzugen.[172]

Die geeignete Formulierung von Ansprüchen stellt die Hauptaufgabe bei der Erstellung von Anmeldeunterlagen dar. Es muss ein größtmöglicher Schutzbereich angestrebt werden, da ansonsten das betreffende Patent durch Umgehungslösungen wertlos ist. Der größtmögliche Schutzbereich eines Patents ist gegeben, falls Ausführungsformen, die vor dem Hintergrund des Stands der Technik gerade noch neu und erfinderisch sind, in den Schutzbereich des Hauptanspruchs des Patents fallen.

Die Anspruchsformulierungen der Anmeldeunterlagen stellen einen ersten Formulierungsversuch dar. Die Aufgabe des Erteilungsverfahrens ist gerade, den größtmöglichen Schutzumfang durch die Anpassung der Anspruchsformulierungen zu finden.

Ein Anspruch ist neu, falls nicht sämtliche Merkmale des Anspruchs einer einzelnen Veröffentlichung des Stands der Technik zu entnehmen sind.[173] Ein Anspruch basiert auf

[169] § 14 Satz 1 Patentgesetz bzw. Artikel 69 Absatz 1 Satz 1 EPÜ.
[170] § 9 Satz 2 Nr. 3 Patentgesetz.
[171] § 9 Absatz 1 Satz 1 Patentverordnung bzw. Regel 43 Absatz 1 EPÜ.
[172] EPO, https://www.epo.org/law-practice/legal-texts/html/guidelines/d/f_iv_2_2.htm, abgerufen am 14.8.2022.
[173] § 3 Absatz 1 Satz 1 Patentgesetz bzw. Artikel 54 Absatz 1 EPÜ.

einer erfinderischen Tätigkeit, falls für den Durchschnittsfachmann der Gegenstand des Anspruchs nicht naheliegend ist.[174] Eine Erfindung ist naheliegend, falls der Fachmann die geeigneten Dokumente des Stands der Technik kombinieren würde und sich daraus der Gegenstand des Anspruchs ergibt.

Ein Anspruchssatz in einer Anmeldung für ein deutsches Patent weist sehr oft zehn Ansprüche auf, da für den elften Anspruch und jeden weiteren Anspruch jeweils eine Anspruchsgebühr von aktuell 20 € fällig werden.[175] Eine europäische Anmeldung umfasst regelmäßig fünfzehn Ansprüche, da der sechzehnte und jeder weitere Anspruch aktuell 250 € kostet. Ab dem 51.-ten Anspruch kostet ein zusätzlicher Anspruch sogar 630 €.[176]

In den Ansprüchen wird teilweise eine besondere Begriffswelt angewandt, die sich durch die Rechtspraxis, insbesondere die Rechtsprechung, herausgebildet hat. Insbesondere wird eine verallgemeinernde Sprache benutzt. Beispielsweise wird mit einer funktionellen Definition (means-plus-function) Vorrichtungen beschrieben, die einem bestimmten Zweck dienen. Derartige Formulierungen umfassen sämtliche Vorrichtungen, die diesem Zweck dienen, ohne dass eine genaue Spezifikation der Vorrichtung erforderlich ist. Um den Einwand des Patentamts der mangelnden Ausführbarkeit zuvorzukommen, sollte in der Beschreibung zumindest eine konkrete Ausführungsform enthalten sein, die der funktionellen Struktur entspricht. Mit den Zweckangaben „zum", „für" und „zur" können funktionelle Definitionen formuliert werden.[177] Eine Vorrichtung, die daher grundsätzlich für den angegebenen Zweck geeignet ist, wird von einer funktionellen Definition mitumfasst. Liegen jedoch physikalische Gegebenheiten (beispielsweise Tragfähigkeit, Hitzebeständigkeit etc.) vor, die eine Eignung ausschließen, ist die entsprechende Vorrichtung nicht dem Schutzbereich zuzuordnen.

Der Begriff „bestehen" sollte vorsichtig verwendet werden, da er abschließend zu verstehen ist. Werden daher in einer strukturellen Definition eines Gegenstands die einzelnen Merkmale als bestehend zum Gegenstand aufgezählt, würde bereits ein zusätzliches Merkmal dazu führen, dass das betreffende Produkt nicht mehr in den Schutzumfang des Anspruchs fällt. Bei der strukturellen Definition wird im Gegensatz zur funktionellen Definition eine Aufzählung der Merkmale beschrieben, die zum Gegenstand des Anspruchs gehören. Die Begriffe „umfassen" und „aufweisen" sind nicht abschließend und daher in Anspruchsformulierungen zu bevorzugen.

Nichttechnische Begriffe in Ansprüchen werden bei der Bewertung der Patentfähigkeit ignoriert. Beispielsweise ist eine „Vorrichtung zur Einhaltung der steuerlichen Restriktionen" kein technischer Begriff.

---

[174] § 4 Satz 1 Patentgesetz bzw. Artikel 56 Satz 1 EPÜ.
[175] Gebührentatbestand 311050 aus Anlage zu § 2 Absatz 1 (Gebührenverzeichnis).
[176] Artikel 2 Absatz 1 Nr. 15 Gebührenordnung des EPA.
[177] EPA, Richtlinien für die Prüfung, F-IV, 4.13.1, https://www.epo.org/law-practice/legal-texts/html/guidelines/d/f_iv_4_13_1.htm, abgerufen am 29.8.2022.

Das Wort „beziehungsweise" sollte in Ansprüchen keine Verwendung finden, da es unklar ist. Unter „beziehungsweise" kann je nach Zusammenhang „und", „oder", „ferner", „einschließlich", „außerdem", „zusätzlich", „ergänzend", „mit", „daneben" und „je nachdem" verstanden werden.[178]

Die Begriffe „ungefähr" und „etwa" können weggelassen werden, da ein Anspruch aus der Perspektive eines Fachmanns auszulegen ist, der immer auch die üblichen Herstelltoleranzen berücksichtigt.[179]

Die Begriffe „insbesondere" und „beispielsweise" wird man in Ansprüchen oft vorfinden. Diese Begriffe kennzeichnen besondere beispielhafte Ausführungsformen und beschränken den Schutzumfang nicht. Allerdings beugen sie einem Einwand der mangelnden Ausführbarkeit vor und können nötigenfalls zur Abgrenzung zum Stand der Technik genutzt werden.[180]

Die Begriffe „mindestens" und „wenigstens" wird man in Ansprüchen selten finden, da die Anzahl „ein" oder „eine" auch eine Vielzahl davon beansprucht. Spricht der Anspruch jedoch dezidiert von 2 oder 5, so ist durch den Anspruch nicht auch 1 oder 3 umfasst, sondern nur genau die Anzahl 2 bzw. 5.

Die Begriffe „maximieren", „optimieren" und „minimieren" führen zu aufgabenhaften Formulierungen und sollten in Ansprüchen möglichst vermieden werden. Außerdem können unbestimmte Formulierungen vorliegen, da ein Gegenstand in jedem Zustand weiter maximiert, optimiert oder minimiert werden kann.

Gliederung einer Patentanmeldung

- Einleitender Teil
  - *Gebiet der Erfindung*
  - *Hintergrund der Erfindung (Stand der Technik)*
  - *Nachteile des Stands der Technik*
  - *Aufgabe der Erfindung*
  - *Stütze der Ansprüche in der Beschreibung*
- Zeichnungen
- Beschreibung der Zeichnungen
  - kurze Beschreibung der Zeichnungen
  - detaillierte Beschreibung beispielhafter Ausführungsformen
- Ansprüche
- Zusammenfassung

---

[178] Schulte/Moufang, Patentgesetz mit EPÜ, 10. Auflage, § 34 Rdn. 137.

[179] OLG Düsseldorf, Urteil vom 28. Juni 2007–2 U 22/06 – Betonpumpe; BGH, Urteil vom 7. November 2000 – X ZR 145/98 – GRUR 2001, 232, 233 – Brieflocher.

[180] DPMA, Richtlinien für die Prüfung von Patentanmeldungen, 2.3.3.6, https://www.dpma.de/docs/formulare/patent/p2796.pdf, abgerufen am 30.8.2022.

Gebrauchsmuster

3

Inhaltsverzeichnis

Eine Alternative zur Patentanmeldung stellt das Gebrauchsmuster dar. Das Gebrauchsmuster weist einige Besonderheiten im Vergleich zu einem Patent bzw. zu einer Patentanmeldung auf. Der erforderliche erfinderische Schritt, damit ein rechtbeständiges Gebrauchsmuster vorliegt, stellt jedoch nach einer höchstrichterlichen Entscheidung keinen Unterschied mehr dar. Vielmehr unterscheiden sich diese beiden Schutzrechtsarten in der Neuheitsschonfrist, dem Stand der Technik und in dem Verfahren, das zum jeweils vollwertigen Schutzrecht führt.[1]

3.1 Neuheitsschonfrist

Ein wichtiger Vorteil eines Gebrauchsmusters im Vergleich zu einem Patent oder einer Patentanmeldung ist die Neuheitsschonfrist. Aufgrund der Neuheitsschonfrist des Gebrauchsmusters werden Veröffentlichungen des Erfinders oder dessen Rechtsnachfolgers bei der Bewertung von Neuheit und erfinderischem Schritt des Gebrauchsmusters nicht berücksichtigt, sofern die Veröffentlichungen nicht länger als sechs Monate vor dem

---

[1] BGH Beschluss vom 20. Juni 2006, X ZB 27/05, - Demonstrationsschrank, https://juris.bundesgerichtshof.de/cgi-bin/rechtsprechung/document.py?Gericht=bgh&Art=en&nr=49839&pos=0&anz=1, abgerufen am 13.2.2025.

© Der/die Autor(en), exklusiv lizenziert an Springer-Verlag GmbH, DE, ein Teil von Springer Nature 2025
T. H. Meitinger, *Startup Erfinderhandbuch*, https://doi.org/10.1007/978-3-662-70539-1_3

Anmeldetag des Gebrauchsmusters zurück liegen.[2] Versehentliche eigene Veröffentlichungen des Erfinders, beispielsweise auf der eigenen Website oder aufgrund von Flyern sind daher innerhalb der Sechsmonatsfrist nicht schädlich. Ist daher aufgrund eigener Veröffentlichungen eine Anmeldung einer Erfindung zum Patent ausgeschlossen, kann eventuell noch ein Gebrauchsmusterschutz angestrebt werden.

3.2 Stand der Technik

Einem Patent werden sämtliche Veröffentlichungen entgegen gehalten, die vor dem Anmelde- bzw. Prioritätstag der Öffentlichkeit bekannt gemacht wurden.[3] Im Gegensatz zu Patenten können Gebrauchsmustern keine mündlichen Bekanntmachungen und keine offenkundige Benutzungen im Ausland entgegen gehalten werden.[4] Für Gebrauchsmuster gilt daher ein geringerer relevanter Stand der Technik.

3.3 Eintragungsverfahren

Das Gebrauchsmusterrecht kennt kein amtliches Prüfungsverfahren. Vor der Eintragung eines Gebrauchsmusters findet ausschließlich eine formale Prüfung statt. Ein Gebrauchsmuster ist daher als ungeprüftes Schutzrecht, im Gegensatz zu einem erteilten Patent, anzusehen.

[2] § 3 Absatz 1 Satz 3 Gebrauchsmustergesetz.
[3] § 3 Absatz 1 Satz 2 Patentgesetz bzw. Artikel 54 Absatz 2 EPÜ.
[4] § 3 Absatz 1 Satz 2 Gebrauchsmustergesetz.

Marke

4

Inhaltsverzeichnis

Eine Marke ist ein kostengünstiges Schutzrecht, das im Laufe der geschäftlichen Tätigkeit enorm an Wert zunehmen kann. Jedes Startup sollte sich daher eine Marke schützen lassen, wobei üblicherweise zwischen einer deutschen und einer Unionsmarke, die für alle EU-Staaten wirksam ist, gewählt wird.

4.1 Markenformen

Die beiden wesentlichen Markenformen sind die Wortmarke und die Bildmarke. Mit der Bildmarke können insbesondere Logos geschützt werden. Außerdem gibt es die Zwitterform, nämlich die Wort- /Bildmarke. Neben diesen üblichen Markenformen gibt es sehr viele exotische Markenformen, beispielsweise die Hörmarke, die Farbmarke, die 3D-Marke, die Positionsmarke und die Kennfadenmarke. Diese exotischen Marken spielen in der Praxis keine Rolle.

T. H. Meitinger, *Startup Erfinderhandbuch*, https://doi.org/10.1007/978-3-662-70539-1_4

Abb. 4.1   Wort-/Bildmarke „Coca-Cola"

Wortmarke

Eine Wortmarke weist ein oder mehrere Wörter auf, wobei diese in jeder Schriftart, Schriftgröße oder Farbe geschrieben sein können. Auch eine Innengroßschreibung ist zulässig,
ohne den Schutzumfang der Marke zu verlassen. Dieser Umstand begründet den großen
Schutzbereich einer Wortmarke. Aus diesem Grund ist ein Facelifting bei einer Wortmarke
möglich, ohne dass eine neue Anmeldung erfolgen muss. Oft sind alte und wertvolle Marken Wortmarken. Eine bedeutende Ausnahme ist der Coca-Cola-Schriftzug, der eine Wort-
/Bildmarke ist, bei der der Textbestandteil nicht verändert werden kann, ohne Gefahr zu
laufen, dass die benutzte Marke nicht mehr von der registrierten Marke geschützt ist. Eine
Anpassung des Textbestandteils konnte daher nicht vollzogen werden, weswegen der Coca-
Cola-Schriftzug als aus der Zeit gefallen erscheint. Die Abb. 4.1 zeigt die Wort- /Bildmarke
„Coca-Cola".[1]

Die Abb. 4.2 zeigt die Wortmarke „Mercedes-Benz".[2]

Die Abb. 4.2 zeigt die berühmte Wortmarke „Mercedes-Benz", die in jeder Schriftart, Schriftgröße und auch in den üblichen Farbgestaltungen durch die Markeneintragung
geschützt ist.

Bildmarke

Mit einer Bildmarke kann insbesondere ein Logo geschützt werden. Die Abb. 4.3 zeigt den
berühmten angebissenen Apfel, für den eine Bildmarke registriert wurde.[3]

---

[1] EUIPO,   https://www.tmdn.org/tmview/#/tmview/detail/US500000073509019,   abgerufen   am
30.11.2022.

[2] EUIPO,   https://www.tmdn.org/tmview/#/tmview/detail/DE503020150343536,   abgerufen   am
1.12.2022.

[3] EUIPO,   https://www.tmdn.org/tmview/#/tmview/detail/US500000078156920,   abgerufen   am
30.11.2022.

Abb. 4.2 Wortmarke „Mercedes-Benz"

Abb. 4.3 Bildmarke der Apple Inc.

Eine Bildmarke sollte vorzugsweise in schwarz/weiß gehalten sein, denn in diesem Fall werden durch die Bildmarke sämtliche gängigen Farbkonstellationen beansprucht. Eine Ausnahme ergibt sich, falls gerade die Farbgestaltung das Besondere des Logos ausmacht.

Wort-/Bildmarke
Eine Wort-/Bildmarke weist grafische Elemente und einen Textbestandteil auf. Der Nachteil, im Gegensatz zur Wortmarke, ist, dass ein Facelifting des Textbestandteils nicht möglich ist, ohne sich der Gefahr auszusetzen, aus dem Schutzbereich der Marke zu geraten.

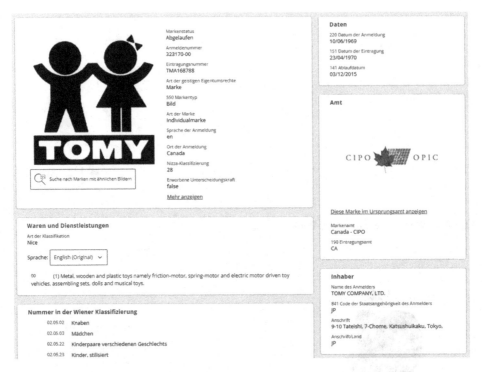

Abb. 4.4 Wort- /Bildmarke

Die Wort- /Bildmarke weist daher einen kleinen Schutzumfang auf, da kleinere Änderungen des Bild- und/oder des Textbestandteils bereits aus dem Schutzumfang der Marke
führen können. Die Abb. 4.4 zeigt eine Wort- /Bildmarke.[4]

Eine Wort- /Bildmarke ist in aller Regel nicht empfehlenswert, da durch die Kombination
der grafischen Elemente und des Textbestandteils der Schutzbereich erheblich verkleinert
wird, da bereits durch Änderungen an einem Bestandteil der Schutzbereich umgangen werden kann. Es ist daher vorzugsweise zu prüfen, ob der Textbestandteil oder die grafischen
Elemente schützenswert sind. Entsprechend kann eine Wort- oder eine Bildmarke oder
beides angemeldet werden. Die weniger schützenswerten Elemente können dann trotzdem
verwendet werden, verkleinern aber nicht mehr den Schutzbereich.

Notwendigkeit der Benutzung
Eine Marke muss benutzt werden, ansonsten ist sie löschungsreif. Die Benutzung muss
ernsthaft sein.[5] Es genügt nicht, dass eine Benutzung eher symbolisch erfolgt, um der

---

[4] EUIPO, https://www.tmdn.org/tmview/#/tmview/detail/CA500000032317000, abgerufen am
18.10.2024.
[5] § 26 Absatz 1 Markengesetz.

Löschungsreife vorzubeugen.[6] Eine ernsthafte Benutzung geht mit einem entsprechenden Umsatz oder zumindest einem ausreichenden Werbeaufwand für Produkte, die die Marke tragen, einher. Die Marke muss hierbei so wie sie eingetragen wurde benutzt werden. Zumindest muss der „kennzeichnende Charakter" erhalten bleiben.[7]

Von einem Anmelder wird nicht erwartet, dass er sofort nach der Anmeldung bzw. Registrierung seiner Marke eine Benutzung der Marke aufnimmt. Ihm wird eine sogenannte „Benutzungsschonfrist" gewährt, die fünf Jahre dauert.[8] Allerdings muss direkt nach Ablauf der Benutzungsschonfrist eine ernsthafte Benutzung vorliegen, um Löschungsreife abzuwenden. Die „Benutzungsschonfrist" sollte daher eher als eine Benutzungsaufnahmefrist angesehen werden.

Eine eingetretene Löschungsreife bedeutet nicht, dass die betreffende Marke sofort vom Patentamt gelöscht wird. Vielmehr hat eine Löschungsklage bzw. ein Löschungsverfahren Aussicht auf Erfolg. Wird keine Löschung von einem Dritten angestrengt, bleibt die Marke im Register. Außerdem kann eine Heilung einer bereits eingetretenen Löschungsreife durch zwischenzeitliche Aufnahme der Benutzung erreicht werden. Dies gilt jedoch nicht, wenn bereits ein Löschungsverfahren anhängig ist.

Beschreibende Bezeichnung: trotzdem Marke?
Es besteht oft der Wunsch, eine Bezeichnung als Marke eintragen zu lassen, die für die betreffenden Waren und Dienstleistungen beschreibend ist. Der Gedanke dahinter ist, dass sich mit einer beschreibenden Marke die Waren und Dienstleistungen leichter verkaufen lassen. Diese Annahme kann zumindest für den geschäftlichen Start richtig sein. Allerdings wird man feststellen, dass sich eine beschreibende Bezeichnung nie zu einer wertvollen Marke entwickeln wird. Wertvolle Marken sind stets fantasievoll. Beispiele hierfür sind die Marken „Amazon", „Google", „Yahoo" und „Apple".

Für eine rein beschreibende Bezeichnung gilt, dass diese nicht als Marke eingetragen werden kann.[9] Man kann durch Hinzunahme von grafischen Elementen versuchen, eine eintragungsfähige Marke zu erhalten. Allerdings wird jedes zusätzliche Element den Schutzbereich der Marke verkleinern, sodass schließlich allenfalls eine wenig wertvolle Marke beim Patentamt eingetragen wird.

4.2 Lebensphasen einer Marke

Es werden die verschiedenen Abschnitte beschrieben, die eine Marke in aller Regel durchläuft. Diese Abschnitte sind typischerweise: Prüfen auf Eintragungsfähigkeit, Recherche nach älteren Rechten, Anmelden der Marke, Widerspruchsverfahren, Löschungsverfahren,

---

[6] BGH, Urteil vom 9. Juni 2011 – I ZR 41/10 – Werbegeschenke.
[7] § 26 Absatz 3 Markengesetz.
[8] § 49 Absatz 1 Satz 1 Markengesetz.
[9] § 8 Absatz 2 Nr. 2 Markengesetz.

Überwachung und Durchsetzung. Die Abschnitte „Widerspruchsverfahren" und „Löschungsverfahren" werden entfallen, wenn die Marke für keinen Inhaber eines älteren Rechts störend ist.

Bevor eine Marke beim Patentamt angemeldet wird, sollte man prüfen, ob sie grundsätzlich eintragungsfähig ist. Eine nicht eintragungsfähige Markenanmeldung wird vom Patentamt zurückgewiesen. Zusätzlich sollte eine Recherche nach älteren Rechten vorgenommen werden, um ein Widerspruchsverfahren zu vermeiden.

Prüfen auf Eintragungsfähigkeit

Bevor eine Marke in das Register aufgenommen wird, prüft das Patentamt die grundsätzliche Eintragungsfähigkeit. Hierbei sind insbesondere die Kriterien der Unterscheidungskraft[10] und des Freihaltebedürfnisses[11] relevant. Eine Marke weist Unterscheidungskraft auf, wenn sie als Herkunftshinweis auf den Hersteller oder Anbieter der Ware bzw. Dienstleistung erkannt werden kann. Das Freihaltebedürfnis ist verletzt, wenn eine Markenanmeldung die betreffende Ware oder Dienstleistung beschreibt. Hiermit soll sichergestellt werden, dass jeder Anbieter seine Ware beschreiben kann. Das Monopolisieren einer Beschreibung einer Ware würde diesem Grundsatz zuwiderlaufen. Außerdem darf eine Marke nicht die öffentliche Ordnung gefährden oder den guten Sitten zuwiderlaufen. Staatswappen, Staatsflaggen und amtliche Prüf- und Gewährzeichen sind ebenfalls nicht eintragungsfähig.

Recherche nach älteren Rechten

Das Patentamt führt vor der Aufnahme einer Marke in das Register keine Prüfung auf Verwechslungsgefahr mit älteren Rechten durch. Das Anmelden und Eintragen junger Marken in das Markenregister kann bereits zu einer Marktverwirrung führen, falls sie mit älteren Marken kollidieren. Eine Schadensersatzpflicht kann die Folge sein. Ein Anmelder sollte daher selbst eine Prüfung auf ältere Rechte vornehmen, bevor er seine Marke beim Patentamt anmeldet.

Bei der Bewertung, ob eine ältere mit einer jüngeren Marke kollidiert, sollte nicht vergessen werden, dass eine Marke eine Kombination einer Markendarstellung mit den zugehörigen Waren und Dienstleistungen ist. Ein älteres Recht ist nicht bereits deswegen schon relevant, falls dieselbe Markendarstellung vorliegt. Ein bekanntes Beispiel sind die Marken „duplo". Es gibt eine Marke „duplo" für Schokoriegel und eine Marke „duplo" für Klemmbausteine für Kinder. Da die jeweiligen Waren und Dienstleistungen für die die Marken registriert wurden unähnlich sind, liegt keine Verwechslungsgefahr vor, obwohl dieselbe Markendarstellung „duplo" genutzt wird. Der Grund ist darin zu sehen, dass die Marktteilnehmer nicht davon ausgehen, dass derselbe Anbieter gleichzeitig Schokoriegel und Spielzeug herstellt. In diesem Fall können die Marken daher koexistieren. Die

---

[10] § 8 Absatz 2 Nr. 1 Markengesetz.
[11] § 8 Absatz 2 Nr. 2 Markengesetz.

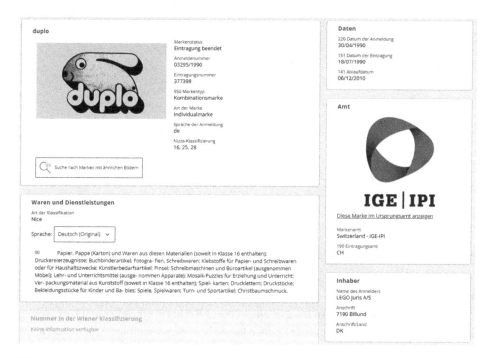

Abb. 4.5 Marke „Duplo" der Lego Juris A/S

Abb. 4.5 zeigt die Marke „duplo" für Spielzeug.[12] Die Abb. 4.6 zeigt die Marke „duplo" für Schokoriegel.[13]

Anmelden der Marke

Eine Marke kann auf drei Wegen beim Patentamt eingereicht werden. Eine Anmeldung kann per Fax, postalisch oder online erfolgen. Unter dem Link https://www.dpma.de/docs/formul are/marken/w7005.pdf kann das Anmeldeformular für eine Anmeldung per Fax oder per Post heruntergeladen werden. Eine Online-Anmeldung ist für jedermann ohne Zusatzgeräte oder Chipkarten möglich.[14] Eine Anmeldung einer Unionsmarke kann beim EUIPO[15] nur noch online eingereicht werden.

---

[12] EUIPO, https://www.tmdn.org/tmview/#/tmview/detail/CH501990000003295, abgerufen am 18.10.2024.

[13] EUIPO, https://tmdn.org/tmview/#/tmview/detail/DE500000000959526, abgerufen am 28.12.2022.

[14] DPMA, https://direkt.dpma.de/DpmaDirektWebEditoren/w7005/w7005web.xhtml?jftfdi=&jffi= w7005&jfwid=F98CB04C457C267CDDA4146AC9FEA1A2:0, abgerufen am 28.12.2022.

[15] EU Intellectual Property Office (Amt der Europäischen Union für geistiges Eigentum) mit Sitz in Alicante, Spanien.

Abb. 4.6 Marke „Duplo" der Ferrero Deutschland GmbH

Widerspruchsverfahren
Mit einem Widerspruch kann ein Inhaber eines älteren Rechts in einfacher und kostengüns-
tiger Weise Marken aus dem Register löschen lassen bzw. deren Eintragung verhindern, die
mit seiner Marke verwechselt werden können. Zur Einlegung eines Widerspruchs ist eine
Frist von 3 Monaten zu wahren. Im deutschen Verfahren beginnt die Frist nach der Veröffentlichung der Eintragung der Marke.[16] Gegen eine Unionsmarke kann vor der Eintragung in
das Markenregister ein Widerspruch erhoben werden. Die dreimonatige Frist beginnt nach
der Veröffentlichung der Anmeldung.

Bei der Wahl zwischen einer deutschen Marke und einer Unionsmarke sollte berücksichtigt werden, dass das EUIPO selbsttätig eine Recherche nach älteren Marken durchführt, die
mit der jüngeren Marke verwechselt werden könnten. Den Inhabern der ermittelten älteren
Marken wird diese Recherche zugänglich gemacht und diese werden daher auf verwechs-
lungsfähige jüngere Marken hingewiesen. Im europäischen Verfahren besteht daher eine
deutlich höhere Gefahr, dass gegen eine Marke ein Widerspruchsverfahren eingeleitet wird.

Löschungsverfahren
Ist die Widerspruchsfrist abgelaufen, kann eine Marke nur noch durch ein Löschungsverfahren vor dem Landgericht[17] oder einem Nichtigkeitsverfahren vor dem DPMA[18] angegriffen
werden. Eine Unionsmarke kann durch ein amtliches Verfahren vor dem EUIPO beseitigt
werden.[19]

---

[16] § 42 Absatz 1 Markengesetz.
[17] § 55 Markengesetz.
[18] § 53 Markengesetz.
[19] Artikel 63 Unionsmarkenverordnung.

Überwachung

Eine Überwachung auf Markenverletzungen muss durchgeführt werden, um eine Gefähr-dung des Markenrechts auszuschließen. Wird nämlich gegen bekannte Markenverletzungen nicht rechtzeitig vorgegangen, kann dies eventuell später nicht nachgeholt werden. Der Markeninhaber muss dann eventuell dulden, dass mangelhafte Ware unter seiner Marke dem Markt angeboten wird und hierdurch das Image seiner Marke leidet.

Angesichts der Tatsache, dass für ein Widerspruchsverfahren eine dreimonatige Frist einzuhalten ist, sollte ein Überwachungsrhythmus gewählt werden, der sicherstellt, dass ein Widerspruch fristgemäß eingelegt werden kann. Eine monatliche oder zumindest zweimonatliche Überwachung ist daher ratsam.

Durchsetzung

Eine Durchsetzung eines Markenrechts kann durch eine Berechtigungsanfrage, eine Abmah-nung, ein einstweiliges Verfügungsverfahren oder im Klageverfahren erfolgen. Eine Berechtigungsanfrage dient der Klärung der rechtlichen Situation und eine Abmahnung stellt den letzten Versuch dar, eine Markenverletzung außergerichtlich zu bereinigen. Eine einstweilige Verfügung kann nur bei Dringlichkeit erhalten werden, beispielsweise um einen Messeauftritt eines Markenverletzers zu stoppen.

4.3 Eintragungshindernisse

Eine Marke wird vor der Eintragung in das Markenregister vom Patentamt auf die sogenannten absoluten Eintragungshindernisse geprüft.[20] Die wichtigsten Eintragungs-hindernisse sind die erforderliche Unterscheidungskraft der Marke und das Einhalten des Freihaltebedürfnisses. Außerdem können eine Täuschungsgefahr, das Verletzen der öffent-lichen Ordnung und der guten Sitten, das Verwenden von Staatswappen, Staatsflaggen und amtlichen Prüf- und Gewährzeichen und Bösgläubigkeit der Anmeldung zur Zurück-weisung der Markenanmeldung führen. Eine mangelnde Unterscheidungskraft oder das Verletzen des Freihaltebedürfnisses können geheilt werden, wenn die Marke Verkehrs-durchsetzung durch eine hohe Bekanntheit erlangt hat. Verkehrsdurchsetzung muss vom Anmelder nachgewiesen werden.

Mangelnde Unterscheidungskraft

Einer Bezeichnung mangelt es an Unterscheidungskraft, wenn die relevanten Verkehrskreise sie überhaupt nicht als Marke erkennen. Beispielsweise sind Worte wie „Wow", „Super" oder „Extraklasse" nicht eintragungsfähig, da diese Worte als reine Anpreisungen verstanden werden.

---

[20] § 8 Markengesetz bzw. Artikel 7 Unionsmarkenverordnung.

Freihaltebedürfnis

Begriffe, die zur Beschreibung von Waren und Dienstleistungen genutzt werden, können für dieselben Waren und Dienstleistungen nicht als Marke eingetragen werden. Der Begriff „Brot" ist daher nicht markenfähig für Backwaren. Das Wort „Brot" könnte jedoch für Automobile sehr wohl als Marke eintragungsfähig sein.

Insbesondere Zeichen zur Beschreibung der Art, der Beschaffenheit, der Menge, der Bestimmung, des Wertes, der geographischen Herkunft, der Zeit der Herstellung oder der Erbringung der Waren oder Dienstleistungen sind nicht als Marke eintragungsfähig.[21]

Täuschungsgefahr

Ist eine Marke zur Täuschung über die Art, die Beschaffenheit oder die geographische Herkunft der Waren und Dienstleistungen geeignet, kann das Patentamt die Eintragung in das Markenregister verweigern.[22] Täuschungsgefahr liegt beispielsweise vor, wenn die Marke eine europaweite Präsenz suggeriert, die nicht vorliegen kann.

Öffentliche Ordnung und gute Sitten

Dieses Eintragungshindernis ist nicht bereits erfüllt, wenn die Marke mit einem einzelnen Gesetz unvereinbar ist. Vielmehr muss das Zeichen grundlegenden Gedanken des Rechtssystems entgegen stehen. Das Verletzen des moralischen Empfindens einer Minderheit ist ebenfalls nicht ausschlaggebend.[23]

Staatswappen, Staatsflaggen und amtliche Prüf- und Gewährzeichen

Ein Zeichen, das Staatswappen, Staatsflaggen oder sonstige staatliche Hoheitszeichen aufweist, ist von der Eintragung als Marke ausgeschlossen.[24]

Bösgläubigkeit

Ein Zeichen, das ausschließlich zur Behinderung eines Wettbewerbers angemeldet wurde, wird nicht in das Register eingetragen.[25] Wird die betreffende Marke jedoch selbst benutzt, kann keine ausschließliche Verwendung zur Behinderung vorliegen, und Bösgläubigkeit ist zu verneinen.

---

[21] § 8 Absatz 2 Nr. 2 Markengesetz bzw. Artikel 7 Absatz 1 Buchstabe c Unionsmarkenverordnung.

[22] § 8 Absatz 2 Nr. 4 Markengesetz bzw. Artikel 7 Absatz 1 Buchstabe g Unionsmarkenverordnung.

[23] § 8 Absatz 2 Nr. 5 Markenverordnung bzw. Artikel 7 Absatz 1 Buchstabe f Unionsmarkenverordnung; BGH, 18.9.1963, Ib ZB 21/62, GRUR, 1964, 136 – Schweizer Käse.

[24] § 8 Absatz 2 Nr. 6 Markengesetz.

[25] § 8 Absatz 2 Nr. 14 Markengesetz.

Eintragung durch Verkehrsdurchsetzung

Eine Marke kann trotz mangelnder Unterscheidungskraft und Verletzen des Freihaltebedürf-nisses in das Markenregister aufgenommen werden, wenn sie Verkehrsdurchsetzung erlangt hat. Eine Verkehrsdurchsetzung liegt vor, falls die Marke bundesweit eine Bekanntheit von über 50 % erreicht hat.[26]

4.4 Verwechslungsgefahr

Eine Verwechslungsgefahr einer jüngeren Marke mit einer älteren Marke führt zu einem Unterlassungsanspruch des Inhabers der älteren Marke und kann bedeuten, dass gegen die jüngere Marke ein Widerspruch, ein Löschungs- oder ein Nichtigkeitsverfahren erfolgreich ist.[27] Eine Verwechslungsgefahr liegt vor, falls die relevanten Verkehrskreise annehmen, dass die jüngere und die ältere Marke Waren oder Dienstleistungen desselben Anbieters oder Herstellers kennzeichnen.

Verwechslungsgefahr liegt vor, wenn sich die Zeichen und die Waren und Dienstleis-tungen zweier Marken ähneln. Sind die Zeichen unähnlich, beispielsweise „Mercedes-Benz" und „BMW", besteht auch bei identischen Waren und Dienstleistungen keine Verwechslungsgefahr. Sind die Zeichen ähnlich oder sogar identisch, beispielsweise das Zeichen „duplo", werden die Zeichen jedoch für unähnliche Waren, beispielsweise Kinderspielzeug und Schokoriegel, verwendet, kann sich ebenfalls keine Verwechslungs-gefahr ergeben. Von einer Verwechslungsgefahr ist daher nur auszugehen, wenn sich die Zeichen und die Waren und Dienstleistungen, für die die Zeichen benutzt werden, ähn-lich sind. Liegt doppelte Identität vor, gilt ebenfalls Verwechslungsgefahr. Es ist daher die Zeichenähnlichkeit immer zusammen mit der Warenähnlichkeit zu prüfen.

Eine Zeichenähnlichkeit kann sich in (schrift-)bildlicher, klanglicher oder begrifflicher Form ergeben. Bei dem (schrift-)bildlichen Vergleich wird die bildliche Darstellung der beiden Marken verglichen. Eine klangliche Verwechslungsgefahr ergibt sich bei phone-tischer Ähnlichkeit. Zwei Marken ähneln sich begrifflich, falls sich die Verkehrskreise unter den beiden Zeichen etwas ähnliches vorstellen. Ein Beispiel hierfür ist die Wort-marke „gelbes Haus" und eine Bildmarke, die ein gelbes Haus darstellt. Es genügt bereits für eine Verwechslungsgefahr, wenn sich nur beim (schrift-)bildlichen, beim klanglichen oder beim begrifflichen Vergleich eine Ähnlichkeit ergibt.

Beim (schrift-)bildlichen und klanglichen Vergleich sind Zeichen, die in ihrer Länge erheblich unterschiedlich sind, unähnlich. Der Wortanfang und das Wortende sind bei der Bewertung wichtiger als die Wortmitte.

---

[26] BGH, Urteil vom 29.07.2021, I ZR 139/20, GRUR 2021, 1199 – Goldhase III; BGH, Beschluss vom 23.10.2014, I ZB 61/13, GRUR 2015, 581 – Langenscheidt-Gelb; BGH, Beschluss vom 09.07.2015 – I ZB 65/13, GRUR 2015, 1012 – Nivea-Blau.

[27] § 14 Absatz 2 Markengesetz bzw. Artikel 9 Absatz 2 Unionsmarkenverordnung.

Beim klanglichen Vergleich ist auf die Silbenfolge und die Vokalfolge zu achten. Eine Silbe sind ein oder mehrere Laute, die geschlossen ausgesprochen werden. Ein Text ist daher eine Abfolge von Silben. Die Vokale a, e, i, o und u sind bedeutsamer als Konsonanten. Beim klanglichen Vergleich ist außerdem zu berücksichtigen, dass einzelne Buchstaben ähnlich ausgesprochen werden. Dies gilt insbesondere für „B" und „P" bzw. „C" und „K".

Beim (schrift-)bildlichen Vergleich sollte nicht vergessen werden, dass eine eingetragene Wortmarke für sämtliche Schriftarten, Schriftgrößen und gängigen Farbgestaltungen Schutz beansprucht.

Bei der Bewertung der Ähnlichkeit von Waren und Dienstleistungen kann auf die Art der Waren und Dienstleistungen, der Verwendungszweck, ob ergänzende oder konkurrierende Waren vorliegen, wie die Vertriebswege sind, und welche Verkehrskreise von den Waren und Dienstleistungen angesprochen werden, abgestellt werden. Bei der Art der Waren und Dienstleistungen kann eine Betrachtung der Zusammensetzung, der Funktionsweise, der Beschaffenheit und des Erscheinungsbilds relevant sein.

Ein Verwendungszweck ist beispielsweise die Körperpflege, sodass ein Shampoo und ein Duschgel ähnliche Waren sind.

Ergänzenden bzw. komplementären Waren wird eine hohe Ähnlichkeit zugebilligt. Ein Beispiel hierfür ist Tabak und Zigarettenpapier. Konkurrierende Waren werden ebenfalls eher als ähnlich angesehen, da die beteiligten Verkehrskreise davon ausgehen, dass die Anbieter ihren Kunden unterschiedliche Produkte zur Auswahl anbieten wollen. Konkurrierende Produkte sind beispielsweise Margarine und Butter.

Dieselben Vertriebswege deuten auf eine Ähnlichkeit der Waren hin, wobei der gemeinsame Vertriebsweg „Supermarkt" nur ein schwacher Hinweis auf eine Warenähnlichkeit ist, da in einem Supermarkt sehr unterschiedliche Waren angeboten werden.

Werden Waren oder Dienstleistungen denselben Verkehrskreisen angeboten, spricht dies für eine Waren- bzw. Dienstleistungsähnlichkeit.

Wird bei der Bewertung der Ähnlichkeit der Marken der älteren Marke eine gesteigerte Bekanntheit zuerkannt, wird tendenziell eher von einer Verwechslungsgefahr auszugehen sein. Liegt keine erhöhte Bekanntheit vor, wird eine durchschnittliche Bekanntheit der älteren Marke angenommen. Weist eine ältere Marke vorwiegend phantasielose oder sogar beschreibende Elemente auf, kann der Marke eine geringe Bekanntheit zugeordnet werden.

Wird die Verwechslungsgefahr mit einer berühmten Marke geprüft, ist eine Unähnlichkeit der Waren und Dienstleistungen unbeachtlich, da eine berühmte Marke auf sämtliche Waren und Dienstleistungen ausstrahlt.[28] Die Marken „Coca-Cola" oder „Mercedes-Benz" sind beispielsweise berühmte Marken.

---

[28] § 14 Absatz 2 Nr. 3 Markengesetz bzw. Artikel 9 Absatz 2 c) Unionsmarkenverordnung.

4.5   Wirkungen einer Marke

Eine eingetragene Marke gewährt ihrem Inhaber einen Unterlassungsanspruch, einen Auskunftsanspruch, einen Vorlage- und Besichtigungsanspruch, einen Schadensersatzanspruch, einen Vernichtungsanspruch und einen Rückrufanspruch. Der Durchsetzung dieser Ansprüche werden durch Verjährung, Verwirkung und Erschöpfung Grenzen gesetzt.

Unterlassungsanspruch

Der Inhaber einer Marke kann jedem Unberechtigten die Benutzung seiner Marke untersagen.[29] Der Unterlassungsanspruch entsteht, wenn eine Erstbegehungs- oder Wiederholungsgefahr besteht. Eine Wiederholungsgefahr ergibt sich bereits nach der ersten unberechtigten Benutzung. Eine Erstbegehungsgefahr ergibt sich nur, wenn ein konkreter Anlass vorliegt. Ein konkreter Anlass kann die Ankündigung der Markenverletzung oder die Anmeldung der Marke für den Verletzer sein.[30]

Liegt eine Erstbegehungs- oder Wiederholungsgefahr vor, kann diese nur ausgeräumt werden, wenn eine strafbewehrte Unterlassungserklärung abgegeben wird.[31] Die Höhe der Vertragsstrafe muss die Ernsthaftigkeit des Unterschreibenden wiederspiegeln, zukünftig eine Markenverletzung zu vermeiden.[32]

Vorlage- und Besichtigungsanspruch

Der Vorlage- und Besichtigungsanspruch ermöglicht dem Markeninhaber, sich über den Umfang einer Markenverletzung ein Bild zu verschaffen. Dieser Anspruch kann daher vorab geltend gemacht werden.[33]

Auskunftsanspruch

Der Markeninhaber kann einen Auskunftsanspruch geltend machen, um nach der Feststellung einer Markenverletzung, Daten zu erhalten, um den zu fordernden Schadensersatz zu beziffern.[34]

---

[29] § 14 Absatz 2 Markengesetz; Artikel 9 Absatz 2 Unionsmarkenverordnung.

[30] BGH, Urteil vom 22. Januar 2014, I ZR 71/12 – REAL-Chips; BGH, Urteil vom 14. Januar 2010, I ZR 92/08, GRUR 2010, 838 – DDR-Logo; BGH, Urteil vom 13.03.2008, I ZR 151/05, GRUR, 2008, 912 – Metrosex.

[31] OLG Frankfurt, NJOZ, 2007, 4312 – Kollektivmarke Volksbank; BGH, 15.02.2007, I ZR 114/04, GRUR, 2007, 871 – Wagenfeld-Leuchte.

[32] BGH, Urteil vom 07.10.1982, I ZR 120/80, GRUR, 1983, 127–128 – Vertragsstrafeversprechen.

[33] § 19a Markengesetz.

[34] § 19 Markengesetz; BGH, Urteil vom 29.09.1994, I ZR 114/84, GRUR, 1995, 50 – Indorektal/Indohexal; BGH, Urteil vom 26.11.1987, I ZR 123/85, GRUR, 1988, 307 – Gaby.

Schadensersatzanspruch

Der vom Verletzer zu entrichtende Schadensersatz kann auf drei Varianten berechnet werden. Zum einen kann der entstandene Schaden oder der entgangene Gewinn verlangt werden. Alternativ kann der Verletzergewinn gefordert werden. Die erste Variante ist die zumeist angewendete, bei der nach der Lizenzanalogie anhand des getätigten Umsatzes und eines anzunehmenden Lizenzsatzes der Schadensersatz bestimmt wird. Der Markeninhaber ist berechtigt, die Berechnungsart zu wählen.[35]

Vernichtungs- und Rückrufanspruch

Der Markeninhaber hat einen Anspruch auf Vernichtung von Produkten, die seine Marke verletzen. Der Vernichtungsanspruch erstreckt sich auch auf Vorrichtungen und Gerätschaften, die vorwiegend zur Herstellung markenverletzender Produkte vorgesehen sind.[36] Allerdings muss sich der Vernichtungsanspruch eine Abwägung auf Verhältnismäßigkeit gefallen lassen, wobei auch die Interessen Dritter einzubeziehen sind.[37] Außerdem steht dem Markeninhaber ein Rückrufanspruch zu, sodass er verlangen kann, dass markenverletzende Produkte endgültig aus dem Vertriebsnetz entfernt werden.[38]

Verjährung, Verwirkung und Erschöpfung

Die Ansprüche des Markeninhabers unterliegen der dreijährigen Verjährungsfrist nach BGB.[39] Zusätzlich werden den Ansprüchen durch Verwirkung und Erschöpfung Grenzen gesetzt.

Eine Verwirkung tritt ein, falls einer Markenverletzung nach deren Bekanntwerden nicht entgegen getreten wird. Zusätzlich muss der Verletzer die fremde Marke im guten Glauben benutzt haben.[40]

Erschöpfung bedeutet, dass ein Markeninhaber nicht mehrmals über ein Produkt mit seiner Marke bestimmen kann. Wurde ein markentragendes Produkt daher beispielsweise von einem Lizenznehmer , also mit der Erlaubnis des Markeninhabers, hergestellt, kann der Markeninhaber den weiteren Vertriebsweg des konkreten Produkts nicht mehr steuern und beispielsweise den Verkauf an bestimmte Erwerber verhindern.[41]

---

[35] BGH, Urteil vom 02.02.1995, I ZR 16/93, GRUR, 1995, 349 – Objektive Schadensberechnung.

[36] § 18 Absatz 1 Markengesetz.

[37] § 18 Absatz 3 Satz 1 Markengesetz.

[38] § 18 Absatz 2 Markengesetz.

[39] § 20 Satz 1 Markengesetz i. V. m. § 195 BGB.

[40] BGH, Urteil vom 31.07.2008, I ZR 171/05, GRUR, 2008, 1104 – Haus & Grund II; BGH, Urteil vom 21.07.2005, I ZR 312/02, GRUR, 2006, 56 – BOSS-Club; BGH, Urteil vom 06.05.2004, I ZR 223/01, GRUR, 2004, 783 – Neuro-Vibolex/Neuro-Fibraflex.

[41] § 24 Absatz 1 Markengesetz.

4.6 Deutsche Marke

Eine deutsche Marke entfaltet durch Eintragung in das Register des deutschen Patentamts (DPMA: Deutsches Patent- und Markenamt) seine Schutzwirkung im Hoheitsgebiet der Bundesrepublik Deutschland.[42]

Das deutsche Patentamt prüft eine Markenanmeldung vor der Aufnahme in das Register nicht auf Verwechslungsgefahr mit älteren Rechten. Stattdessen wurde das Widerspruchsverfahren geschaffen, das den Inhabern älterer Rechte die Möglichkeit bietet, gegen jüngere Marken vorzugehen, die eine Verwechslungsgefahr darstellen. Das EUIPO weist die Inhaber älterer Rechte auf Markenanmeldungen hin, die eventuell eine Verwechslungsgefahr begründen könnten. Derartige Hinweise verteilt das deutsche Patentamt nicht. Der Markeninhaber muss selbst eine Überwachung auf potenziell seine Marke gefährdende jüngere Marken durchführen.

Fristen und Gebühren

Die Anmeldung einer Marke wird vom Patentamt nur bearbeitet, wenn innerhalb einer Frist von drei Monaten nach Anmeldetag die Anmeldegebühr bezahlt wird.[43] Durch die Bezahlung wird eine Schutzfrist von 10 Jahren gestartet. Eine Marke kann nach Ablauf der ersten 10 Jahre beliebig oft um jeweils weitere 10 Jahre verlängert werden, wobei eine Verlängerungsgebühr spätestens 6 Monate vor Ablauf der jeweiligen Schutzfrist zu entrichten ist.[44] Wurde die Frist verpasst, besteht eine Nachfrist von 6 Monaten, die mit einem Verspätungszuschlag wahrgenommen werden kann.[45]

Die Anmeldegebühr für eine Markenanmeldung, die online vorgenommen wird, beträgt aktuell 290 €.[46] In der Anmeldegebühr sind drei Klassen für Waren und Dienstleistungen inklusive. Die Marke sollte tatsächlich für drei Klassen angemeldet werden, wodurch sich der Markenanmelder eine „Verhandlungsmasse" bei einem Disput mit einem Inhaber einer älteren Marke sichert. Oft kann durch den teilweisen Verzicht auf einzelne Klassen eine Koexistenz von zuvor konkurrierenden Marken herbeigeführt werden.

Priorität

Eine Markenanmeldung begründet eine sechsmonatige Prioritätsfrist nach dem Anmeldetag. Die Priorität kann für jede ausländische oder regionale Markenanmeldung, beispielsweise eine Unionsmarke, beansprucht werden, wodurch der frühe Zeitrang der deutschen Anmeldung der Nachanmeldung zugutekommt.[47]

---

[42] § 4 Nr. 1 Markengesetz.

[43] § 6 Absatz 1 Satz 2 Patentkostengesetz.

[44] § 47 Absatz 2 Markengesetz.

[45] § 7 Absatz 3 Satz 2 Patentkostengesetz.

[46] Anlage zu § 2 Absatz 1 – Gebührenverzeichnis – Gebührentatbestand 331.000.

[47] Artikel 4 C Absatz 1 PVÜ.

Ältere Rechte

Einer deutschen Marke können nur ältere Rechte entgegenstehen, die für Deutschland wirksam sind. Das bedeutet, dass nur deutsche Marken, Unionsmarken und internationale Registrierungen mit Benennung Deutschland zu berücksichtigen sind. Die Wahrscheinlichkeit, dass eine deutsche Marke angegriffen wird, ist daher deutlich geringer im Vergleich zu beispielsweise einer Unionsmarke, die mit nationalen Marken aus sämtlichen EU-Staaten angegriffen werden kann.

Rücknahme und Verzicht

Ein Markeninhaber kann seine Marke jederzeit zurückziehen oder auf einzelne Klassen bzw. Waren und Dienstleistungen verzichten.[48] Mit einer Rücknahme bzw. einem Verzicht auf einzelne Klassen kann eventuell ein anhängiges Widerspruchsverfahren beendet bzw. eine Koexistenz konkurrierender Marken ermöglicht werden.

4.7   Unionsmarke

Mit einer Unionsmarke kann ein Markenrecht in sämtlichen Staaten der EU erlangt werden. Seit dem „Brexit" im Jahre 2020 gilt eine Unionsmarke nicht mehr für Großbritannien.

Fristen und Gebühren

Die Anmeldegebühr für eine Unionsmarke beträgt aktuell 850 € und muss innerhalb eines Monats entrichtet werden. Mit der Anmeldegebühr ist nur eine Klasse inklusive. Eine weitere Klasse schlägt mit zusätzlichen 50 € zu Buche und für eine dritte und jede zusätzliche Klasse sind 150 € zu bezahlen.[49] Die erste Schutzdauer beträgt 10 Jahre und kann beliebig oft durch Zahlung einer Gebühr um jeweils weitere 10 Jahre verlängert werden.[50] Die Verlängerungsgebühr kann sechs Monate vor Ablauf der Schutzdauer entrichtet werden.[51]

Priorität

Eine Unionsmarke kann eine Priorität für eine nationale oder eine regionale Marke begründen oder selbst eine Priorität in Anspruch nehmen. Soll eine Priorität in Anspruch genommen

---

[48] § 39 Absatz 1 Markengesetz bzw. § 48 Absatz 1 Markengesetz.

[49] EUIPO,   https://euipo.europa.eu/ohimportal/de/fees-payable-direct-to-euipo,   abgerufen   am 20.03.2023; Artikel 31 Absatz 2 Unionsmarkenverordnung.

[50] Artikel 52 Unionsmarkenverordnung.

[51] Artikel 53 Unionsmarkenverordnung; EUIPO, https://euipo.europa.eu/ohimportal/de/renewals, abgerufen am 20.03.2023.

werden, so ist die Unionsmarke innerhalb einer Frist von 6 Monaten nach Einreichung der ersten Anmeldung beim EUIPO einzureichen.[52]

Seniorität

Mit einer Seniorität kann ein früher Anmeldetag einer nationalen Marke eines EU-Staats auf eine Unionsmarke übertragen werden. Allerdings gilt der frühe Anmeldetag dann nicht für die Unionsmarke insgesamt, sondern nur für den jeweiligen nationalen Anteil.[53] Auf diese Weise kann ein Markenportfolio bereinigt werden. Der Nachteil ist, dass die Unionsmarke mit älteren Rechten aus allen EU-Staaten angegriffen werden kann, was bei einer nationalen Marke nicht der Fall ist. Man erhöht daher mit dem Vorteil der Bereinigung des Markenportfolios das Risiko des Verlusts des Markenrechts. Die Seniorität wird daher nur selten genutzt.

Bemerkungen Dritter

Mit „Bemerkungen Dritter" kann jedermann dem EUIPO Tatsachen zur Kenntnis bringen, die einer Eintragung entgegenstehen.[54] „Bemerkungen Dritter" können sich nur auf absolute Eintragungshindernisse beziehen.[55] Ältere Markenrechte bleiben unbeachtlich.

Recherchenbericht

Eine Besonderheit des EUIPO ist die Erstellung eines Recherchenberichts für die Inhaber älterer Markenrechte, die über Markenanmeldungen informiert werden, die eine Verwechslungsgefahr begründen könnten.[56] Die Inhaber der älteren Markenrechte erhalten die Informationen zu potenziell verwechslungsfähigen Marken automatisch. Der Inhaber der jüngeren Marke kann beantragen, den zu seiner Marke erstellten Recherchenbericht zu erhalten.[57]

Verzicht

Der Markeninhaber kann jederzeit auf seine Marke oder einzelne Waren und Dienstleistungen verzichten.[58] Hierdurch kann ein Widerspruchs- oder Löschungsverfahren vor dem EUIPO beendet werden.[59] Der Verzicht ist eine einseitige Willenserklärung deren Wirksamkeit keine Zustimmung einer gegnerischen Partei in einem eventuell anhängigen zweiseitigen Verfahren bedarf.

---

[52] Artikel 4 C Absatz 1 PVÜ.
[53] Artikel 39 Absatz 1 und Artikel 40 Absatz 1 Unionsmarkenverordnung.
[54] Artikel 45 Unionsmarkenverordnung.
[55] Artikel 7 Unionsmarkenverordnung.
[56] Artikel 43 Absatz 7 Satz 1 Unionsmarkenverordnung.
[57] Artikel 43 Absatz 6 Unionsmarkenverordnung.
[58] Artikel 57 Absatz 1 und Absatz 2 Satz 1 Unionsmarkenverordnung.
[59] Artikel 46 bzw. 63 Unionsmarkenverordnung.

4.8   Internationale Registrierung

Eine internationale Registrierung kann dazu genutzt werden, in beliebig vielen Ländern bzw. Regionen Markenschutz zu erlangen. Aktuell können auf diese Weise in bis zu 114 Ländern Markenschutz beansprucht werden. Die gesetzliche Grundlage einer internationalen Markenanmeldung ist das Madrider Markenabkommen (MMA) und das Protokoll zum Madrider Markenabkommen (PMMA).

Basismarke
Voraussetzung einer internationalen Registrierung ist eine sogenannte Basismarke, die eine deutsche Marke oder eine Unionsmarke sein kann. Zu beachten ist, dass die internationale Registrierung fünf Jahre lang vom Bestand der Basismarke abhängt. Wird in dieser Zeitspanne die Basismarke erfolgreich angegriffen, ist die internationale Registrierung ebenfalls beseitigt. Eine deutsche Marke ist daher als Basismarke zu empfehlen, da diese nur mit Marken aus Deutschland angegriffen werden kann. Zudem fällt bei einer deutschen Marke eine geringere Gebühr an, da Deutschland Vollmitglied ist und die EU nur das Protokoll unterzeichnet hat.

Ablauf einer internationalen Registrierung
Mit einer internationalen Registrierung kann keine internationale Marke erworben werden, sondern nur ein Bündel nationaler Markenanmeldungen, wobei die gewünschten Zielländer bei der Anmeldung benannt werden müssen.[60]

Madrider Markenabkommen (MMA)
Die Mitgliedsstaaten des Madrider Markenabkommens werden als „Vollmitglieder" bezeichnet. Wichtige Vollmitglieder sind: Österreich, Belgien, China, Frankreich, Deutschland, Italien, Niederlande, Polen, Portugal, Rumänien, Russland (Russische Föderation), Spanien, Schweiz, Ukraine und Vietnam.[61]

Protokoll zum Madrider Markenabkommen (PMMA)
Das Protokoll zum Madrider Markenabkommen (PMMA) ist rechtlich unabhängig vom Madrider Markenabkommen (MMA). Wichtige Mitgliedsstaaten sind: Australien, Österreich, Belgien, Brasilien, Canada, China, Dänemark, EU, Frankreich, Deutschland, Indien, Israel, Italien, Japan, Niederlande, Norwegen, Philippinen, Polen, Portugal, Rumänien, Russland (Russische Föderation), Spanien, Schweden, Schweiz, Türkei, Ukraine, Großbritannien, USA und Vietnam.[62]

---

[60] WIPO, https://www.wipo.int/madrid/en/how_to/file/basics.html, abgerufen am 27.03.2023.

[61] WIPO, https://www.wipo.int/export/sites/www/treaties/en/docs/pdf/madrid_marks.pdf, abgerufen am 27.03.2023.

[62] WIPO, https://www.wipo.int/export/sites/www/treaties/en/docs/pdf/madrid_marks.pdf, abgerufen am 27.03.2023.

Fristen und Gebühren

Der Anmelder einer internationalen Registrierung muss eine Grundgebühr und eine Gebühr, die von der Anzahl der gewünschten Nizza-Klassen abhängt, innerhalb eines Monats nach Anmeldetag bezahlen. Zusätzlich sind nationale Gebühren für die jeweiligen Länder zu entrichten.[63] Die WIPO stellt eine Gebührenliste zur Verfügung, die online abgefragt werden kann.[64] Die Nizza-Klassifikation ist eine international anerkannte Klassifikation von Waren und Dienstleitungen für die Anmeldung von Marken.

4.9   Entwickeln einer eigenen Marke

Ein Unternehmensgründer sollte sich eine Marke beim deutschen Patentamt oder bei dem EUIPO sichern. Die Marke sollte derart gestaltet sein, dass sie die unternehmerische Tätigkeit langjährig begleiten und unterstützen kann. Hierzu sind einige Aspekte zu beachten. Insbesondere ist eine Wortmarke zu empfehlen, die phantasievoll und keinesfalls für die zu kennzeichnenden Waren und Dienstleistungen beschreibend ist.

Marke als Kombination von Darstellung und Waren

Eine Marke ist als eine Kombination eines Zeichens und der Waren und Dienstleistungen zu sehen, die von der Marke gekennzeichnet werden. Es ist daher durchaus möglich, dass identische Zeichen von unterschiedlichen Inhabern nebeneinander existieren, wenn sie für jeweils unähnliche Waren und Dienstleistungen verwendet werden.

Wortmarke bevorzugt

Es gibt sehr viele unterschiedliche Markenformen, beispielsweise Farbmarken, Hörmarken, 3D-Marken, Positionsmarken und Kennfadenmarken. In der Praxis werden jedoch nur Wortmarken, Bildmarken und Wort-/Bildmarken benutzt. Eine Wortmarke weist einen großen Schutzumfang auf, da jede Schriftart, jede Schriftgröße und Farbwahl vom Schutzbereich umfasst ist. Insbesondere ist deswegen ein „Facelifting", beispielsweise durch die Verwendung einer modernen Schriftart möglich, ohne dass deswegen die „neue" Marke den Schutzbereich verlässt. Erfahrungsgemäß wird ein Facelifting ca. alle 10 Jahre angestrebt, da nach ungefähr diesem Zeitraum dem Markeninhaber seine Marke „verstaubt" erscheint.

Keine Wort-/Bildmarke!

Eine Wort-/Bildmarke sollte gemieden werden. Weist eine Marke einen prägnanten Textbestandteil auf, sollte eine Wortmarke angemeldet werden. Liegt ein aussagekräftiges Logo vor, ist eine Bildmarke zu empfehlen. Eine Wort-/Bildmarke weist sowohl einen Textbestandteil als auch ein grafisches Element auf. Der Textbestandteil einer Wort-/Bildmarke

---

[63] WIPO, https://www.wipo.int/madrid/en/how_to/file/fees.html, angerufen am 27.03.2023.
[64] WIPO, https://www.wipo.int/wipolex/en/text/586445, abgerufen am 27.03.2023.

wird als grafisches Element aufgefasst, und kann daher nicht verändert werden, ohne dass die rechtserhaltende Benutzung gefährdet wird. Die vielen Elemente einer Wort- /Bildmarke verkleinern den Schutzbereich, da eine Wort- /Bildmarke in aller Regel nur verletzt wird, wenn sämtliche Elemente imitiert werden.

Keine beschreibende Marke!

Es sollten keine Elemente in eine Marke aufgenommen werden, die für die von der Marke zu kennzeichnenden Waren und Dienstleistungen beschreibend sind. Eine beschreibende Marke wird in aller Regel nie wertvoll werden. Zudem wird es Probleme mit dem Patentamt bei der Eintragung der Marke in das Register geben und bei einer amtlichen oder gerichtlichen Auseinandersetzung wird einer beschreibenden Marke eine nur geringe Kennzeichnungskraft und damit ein nur kleiner Schutzumfang zugebilligt werden.

Designrecht

5

Inhaltsverzeichnis

Mit einem Designrecht kann das eigene Produkt wirksam vor Nachahmung geschützt werden. Beim „Patentstreit" zwischen Apple und Samsung, die mit einer Klage im April 2011 begann, ging es vor allem um ein Designrecht, das abgerundete Ecken von Smartphones beanspruchte.[1] Apple gewann schließlich die Auseinandersetzung und konnte einen enormen Schadensersatz von 539 Mio. US$ einstreichen.[2]

Ein Designrecht kann auch für ein technisch orientiertes Unternehmen ein wichtiges Schutzrecht darstellen. Zumindest kann ein Designrecht einen flankierenden rechtlichen Schutz bieten.

---

[1] Freakonomics, https://freakonomics.com/2012/08/apple-vs-samsung-who-owns-the-rectangle/, abgerufen am 13.08.2024.

[2] Der Spiegel, https://www.spiegel.de/wirtschaft/unternehmen/apple-und-samsung-beenden-patent streit-nach-sieben-jahren-a-1215419.html, abgerufen am 13.08.2024.

T. H. Meitinger, *Startup Erfinderhandbuch*, https://doi.org/10.1007/978-3-662-70539-1_5

Ein Design wird vor der Eintragung in das Register nicht auf seine Schutzfähigkeit geprüft. Das Patentamt prüft nur formale Eintragungsvoraussetzungen. Ein Designrecht ist daher ein ungeprüftes Schutzrecht.

Das Designrecht kennt keinen Benutzungszwang. Es tritt keine Löschungsreife bei fehlender Benutzung ein, wie dies für eine Marke gilt.

5.1   Gegenstand eines Designrechts

Ein Designrecht muss keinen besonderen künstlerischen Gehalt aufweisen. Zumeist sind eingetragene Designs profane handwerkliche oder industrielle Produkte. Die Abb. 5.1 zeigt beispielhaft einen Werkzeugkoffer der Robert Bosch GmbH.[3] Ein Design kann 2- oder 3-dimensional ausgeformt sein.

Die Abb. 5.2 zeigt einen Schlüssel für Fahrzeuge der Mercedes-Benz Group AG als ein weiteres Beispiel eines designgeschützten Gebrauchsgegenstands.

Was kann als Designrecht geschützt werden?
Ein Design ist die Erscheinungsform eines Produkts, das sich durch Linien, Konturen, Farben, Gestalt, Oberfläche oder dem Material, aus dem das Design besteht, ergibt.[4] Ein Design kann ein handwerkliches, industrielles oder künstlerisches Produkt sein.

Was kann mit einem Designrecht geschützt werden?
Ein Design muss nicht besonders schön oder ästhetisch sein, um Designschutz zu erlangen. Allerdings muss ein Design neu sein und insbesondere Eigenart aufweisen. Eigenart liegt vor, falls das Design einen Gesamteindruck erzeugt, der sich ausreichend zum Gesamteindruck anderer Designs abgrenzt.

Nachteilig beim Designschutz ist, dass kein allgemeines Designkonzept geschützt werden kann, sondern nur ein konkretes Design, das durch Darstellungen verdeutlicht werden muss. Die Abbildungen des Designs bestimmen daher den Schutzumfang.

Entstehung des Designschutzes
Ein Designrecht entsteht insbesondere durch die Eintragung einer Designanmeldung in das Register eines Patentamts. Alternativ kann ein nicht eingetragenes Gemeinschafts- geschmacksmuster durch Veröffentlichung innerhalb der EU erlangt werden. Allerdings ist ein derartiges nicht eingetragenes Gemeinschaftsgeschmacksmuster sowohl zeitlich als auch inhaltlich sehr beschränkt, denn es schützt nur für 3 Jahre und auch nur vor reinen Nachahmungen.

---

[3] DPMA, https://register.dpma.de/DPMAregister/gsm/register?DNR=40003553-0001, abgerufen am 13.08.2024.
[4] § 1 Nr. Designgesetz bzw. Artikel 3 Buchstabe a Gemeinschaftsgeschmacksmustergesetz.

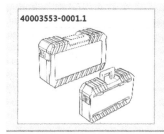

40003553-0001.1

STAMMDATEN			
INID	Kriterium	Feld	Inhalt
19	Datenbestand	DB	DE
	Bestandsart	BA	Aktiv
	Designnummer	DNR	40003553-0001
21	Aktenzeichen	AKZ	40003553.7
11	Registernummer	RN	40003553
	Designzustand	DST	Design eingetragen
	Aufschiebungsstatus	AUF	Keine Aufschiebung
22	Anmeldetag	AT	10.04.2000
15	Eintragungstag	ET	07.06.2000
	Veröffentlichungsdatum	VT	10.08.2000
54	Bezeichnung	TI	Werkzeugkoffer
51	Klasse(n)	WKL	03, 08-99
	Klassenversion		7
	Hinterlegungsart		Wiedergabe
	Zahl der Darstellungen	ZD	8
73	Inhaber	INH	Robert Bosch GmbH, 70469 Stuttgart, DE

Abb. 5.1 Werkzeugkoffer (DE40003553-0001.1)

Warenklassen

Bei der Anmeldung eines Designs sind die Erzeugnisse und die dazugehörenden Warenklassen anzugeben, für die das Design Verwendung finden soll. Die Angabe der Erzeugnisse dient allein der Einordnung des Designs in das Register des Patentamts. Eine Beschränkung des Designs ergibt sich dadurch nicht. Der Designinhaber erhält daher rechtlichen Schutz für sämtliche Warenklassen.

Design versus Marke

Mit einem Designrecht, einer Bildmarke oder einer 3D-Marke können ästhetische Erscheinungsformen geschützt werden. Eventuell bietet es sich an, eine ästhetische Erscheinungsform sowohl mit einem Designrecht als auch mit einer eingetragenen Marke zu schützen. Der große Vorteil des Markenrechts ist seine prinzipiell unbeschränkte Schutzdauer, wohingegen ein Designrecht eine maximale Laufzeit von 25 Jahren hat.

40004070-0001.1

STAMMDATEN

INID	Kriterium	Feld	Inhalt
19	Datenbestand	DB	DE
	Bestandsart	BA	Aktiv
	Designnummer	DNR	40004070-0001
21	Aktenzeichen	AKZ	40004070.0
11	Registernummer	RN	40004070
	Designzustand	DST	Design eingetragen
	Aufschiebungsstatus	AUF	Keine Aufschiebung
22	Anmeldetag	AT	25.04.2000
15	Eintragungstag	ET	07.06.2000
	Veröffentlichungsdatum	VT	10.08.2000
54	Bezeichnung	TI	Schlüssel für Fahrzeuge
51	Klasse(n)	WKL	08-07
	Klassenversion		7
	Hinterlegungsart		Wiedergabe
	Zahl der Darstellungen	ZD	2
73	Inhaber	INH	Mercedes-Benz Group AG, 70372 Stuttgart, DE

Abb. 5.2 Fahrzeugschlüssel (DE40004070-0001)

5.2   Schutzvoraussetzungen eines Designrechts

Ein Design muss im normalen Gebrauch sichtbar sein und Eigenart aufweisen, damit es
ein rechtsbeständiges Designrecht ist. Für Ersatzteile, Must-Fit- und Must-Match-Teile
gelten besondere Regelungen.

Sichtbarkeit
Ein Design muss im bestimmungsgemäßen Gebrauch sichtbar sein, damit es dem Designrecht zugänglich ist.[5] Ein bestimmungsgemäßer Gebrauch ist nicht die Instandhaltung oder
die Reparatur eines Erzeugnisses mit dem betreffenden Design, sondern nur die Verwendung durch den Endkunden. Ein Bauteil, das innerhalb eines Motors eines Rasenmähers
eingebaut ist, kann daher kein Designrecht begründen. Dasselbe gilt für den Unterboden des

---

[5] § 4 Designgesetz bzw. Artikel 4 Absatz 2 Buchstabe a Verordnung über das Gemeinschaftsgeschmacksmuster.

Rasenmähers, da dieser während dem bestimmungsgemäßen Gebrauch, dem Rasenmähen, nicht sichtbar ist.

Eigenart und Neuheit

Eigenart liegt vor, falls das Design bei einem informierten Benutzer einen Gesamteindruck erzeugt, der unterschiedlich zu dem Gesamteindruck eines vorbekannten Designs ist.[6] Weist ein Design Eigenart auf, so ist es automatisch neu. Aus diesem Grund erübrigt sich eine Neuheitsprüfung, denn wenn ein Design gegenüber einem vorbekannten Design Eigenart aufweist, ist es auch neu. Andererseits ist eine Prüfung auf Neuheit gegenüber dem vorbekannten Design überflüssig, wenn das Design keine Eigenart inne hat.

Vorbekannter Formenschatz

Ein Designrecht muss Eigenart gegenüber sämtlichen Designs des vorbekannten Formenschatzes aufweisen, damit es rechtsbeständig ist. Der vorbekannte Formenschatz umfasst sämtliche Designs, die den in der Europäischen Gemeinschaft tätigen Fachkreisen bekannt gemacht wurden.[7] Kenntnisse der Fachkreise außerhalb der Europäischen Gemeinschaft sind unbeachtlich. Eine Bekanntmachung kann durch Veröffentlichungen in Zeitungen, Zeitschriften, Büchern, Katalogen, im Internet, auf internationalen Fachmessen oder im Fernsehen erfolgen.

Der vorbekannte Formenschatz dient der Bewertung der Rechtsbeständigkeit und der Bestimmung des Schutzumfangs, denn einem Design mit großer Eigenart wird ein größerer Schutzumfang eingeräumt.

Bei der Bewertung der Eigenart ist zu berücksichtigen, in welchem Umfang für den Entwerfer Gestaltungsfreiheit bestand. Bei einer Schere ist die Gestaltungsfreiheit gering, um nicht die geeignete Funktionalität des Schneidens zu gefährden, sodass bereits eine geringe Eigenart ausreichend zum Bejahen der Rechtsbeständigkeit ist.[8] Außerdem kann die Gestaltungsfreiheit aufgrund eines großen vorbekannten Formenschatzes gering sein.

Ersatzteile

Ersatzteile sind dem Designrecht nicht zugänglich, um insbesondere den Einfluss der Automobilhersteller auf das Ersatzteilgeschäft zu begrenzen.

Must-Fit-Teil

Must-Fit-Teile weisen eine Struktur auf, die erforderlich ist, um eine gewünschte Interoperabilität mit einem komplementären Element herzustellen. Eine derartige Struktur ist

---

[6] § 2 Absatz 3 Satz 1 Designgesetz bzw. Artikel 6 Absatz 1 Verordnung über das Gemeinschaftsgeschmacksmuster.

[7] § 5 Satz 1 Designgesetz bzw. Artikel 7 Absatz 1 Satz 1 Verordnung über das Gemeinschaftsgeschmacksmuster.

[8] § 2 Absatz 3 Satz 2 Designgesetz bzw. Artikel 6 Absatz 2 Verordnung über das Gemeinschaftsgeschmacksmuster.

nicht schutzfähig, denn der Gesetzgeber wollte eine unangemessene Ausdehnung der Schutzmöglichkeit ausschließen.

Must-Match-Teil

Must-Match-Teile sind solche, die nicht nur eine Struktur aufweisen, um eine Interoperabilität mit einem komplementären Bauteil sicherzustellen, sondern die zusätzlich ein geeignetes Aussehen aufweisen, um verkäuflich zu sein. Ein Beispiel hierfür ist eine Fahrzeugtüre, die nicht nur in eine Autokarosserie eingepasst werden muss, sondern die zusätzlich entsprechend dem Design des restlichen Fahrzeugs gestaltet sein muss. Must-Match-Teile können durch ein Designrecht geschützt werden.

5.3   Rechte des Designinhabers

Ein Designinhaber hat einen Unterlassungsanspruch, um zukünftige Rechtsverletzungen zu verhindern. Vergangene Rechtsverletzungen können durch einen Schadensersatzanspruch geahndet werden. Außerdem besteht ein Auskunfts-, ein Vernichtungs- und ein Rückrufanspruch.

Unterlassungsanspruch

Der Unterlassungsanspruch erlaubt es dem Designinhaber jedem Unberechtigten die Benutzung seines Designs zu verbieten. Eine Benutzung liegt vor, wenn das Design hergestellt, angeboten, in Verkehr gebracht, eingeführt, ausgeführt oder zu diesen Zwecken besessen wird.[9] Der Unterlassungsanspruch kann vom Designinhaber und einem exklusiven Lizenznehmer wahrgenommen werden. Ein einfacher Lizenznehmer benötigt hierzu eine gewillkürte Prozeßstandschaft.

Schadensersatz

Liegt eine Designverletzung mit Verschulden des Verletzers vor, die also fahrlässig oder vorsätzlich begangen wurde, kann Schadensersatz beansprucht werden.[10] Fahrlässigkeit liegt bereits vor, wenn nicht nach fremden Designrechten recherchiert wurde, sodass in aller Regel von Verschulden auszugehen ist.[11]

Der Designinhaber kann als Schadensersatz seinen entgangenen Gewinn geltend machen. Alternativ kann die Herausgabe des Verletzergewinns gefordert werden.[12] Der Designinhaber kann zwischen den Varianten zur Berechnung des Schadensersatzes wählen, wobei

---

[9] § 38 Absatz 1 Designgesetz.
[10] § 42 Absatz 2 Satz 1 Designgesetz.
[11] BGH, 14.1.1958, I ZR 171/56, GRUR 1958, 288, 290 – Dia-Rähmchen.
[12] § 42 Absatz 2 Satz 2 Designgesetz.

in aller Regel die Lizenzanalogie gewählt wird, bei der ein Lizenzsatz zur Berechnung des Schadensersatzes bestimmt wird.[13]

Auskunftsanspruch

Dem Designinhaber steht ein Auskunftsanspruch zu, um die Namen der Lieferanten, die Menge der hergestellten Erzeugnisse und die Preisgestaltung zu ermitteln. Hierdurch kann der Designinhaber erst in die Lage versetzt werden, seinen Schadensersatzanspruch zu beziffern.[14]

Vernichtung und Rückruf

Erzeugnisse, die das geschützte Design tragen, sind zu vernichten, wenn der Designinhaber dies verlangt. Außerdem kann der Designinhaber verlangen, dass schutzrechtsverletzende Erzeugnisse aus dem Vertriebsweg entfernt werden. Beim Vernichtungsanspruch ist die Verhältnismäßigkeit zu beachten und auch die Interessen Dritter zu berücksichtigen.[15]

Strafvorschriften

In besonderen Ausnahmefällen kann eine vorsätzliche Designverletzung mit Freiheitsstrafen belegt werden.[16]

Grenzen der Ansprüche

Die Ansprüche des Designinhabers werden durch Verjährung, Verwirkung, Erschöpfung, durch ältere Rechte und Vorbenutzung beschränkt.

Für ein deutsches Design gilt die dreijährige Verjährungsfrist nach BGB, die mit dem Entdecken der Rechtsverletzung beginnt.[17] Bei einem EU-weit geltenden Gemeinschaftsgeschmacksmuster sind die jeweiligen nationalen Regelungen zur Verjährung zu beachten.[18]

Verwirkung tritt ein, wenn eine Durchsetzung des Anspruchs gegen Treu und Glauben verstoßen würde.[19] Voraussetzung ist, dass dem Designinhaber die Verletzung über einen angemessenen Zeitraum bekannt war, und der Verletzer in gutem Glauben gehandelt hat und sich einen schützenswerten Besitzstand aufgebaut hat.

Erschöpfung tritt ein, wenn das Design mit Zustimmung des Designinhabers in einem ersten Mitgliedsstaat der Europäischen Union oder des europäischen Wirtschaftsraums benutzt wurde. Sämtliche nachfolgenden Benutzungen des konkreten Erzeugnisses bedürfen keiner erneuten Zustimmung des Designinhabers. Dies gilt auch, wenn die erste Benutzung

---

[13] BGH, 13.03.1962, I ZR 18/61, GRUR 1962, 401, 404 – Kreuzbodenventilsäcke III.
[14] § 46 Absatz 3 Designgesetz.
[15] § 43 Designgesetz.
[16] § 51 Absatz 2 Designgesetz.
[17] § 49 Satz 1 Designgesetz i. V. m. § 195 BGB.
[18] Artikel 88 Absatz 2 Verordnung über das Gemeinschaftsgeschmacksmuster.
[19] § 242 BGB.

in einem Mitgliedsstaat der Europäischen Union oder des europäischen Wirtschaftsraums stattgefunden hat, in dem kein Designrecht bestand.[20]

Ein älteres Recht zur Benutzung eines Designs wird durch spätere Designrechte nicht beschränkt oder aufgehoben.

Ein Vorbenutzungsrecht durch die Benutzung eines Designs vor dem Anmelde- oder Prioritätstag eines Designrechts wird durch das Designrecht nicht tangiert. Das Vorbenutzungsrecht ist auf die Belange des Betriebs beschränkt.[21]

5.4   Durchsetzen von Designrechten

Ein Designrecht ist ein ungeprüftes Schutzrecht. Vor der Durchsetzung eines Designrechts sollte daher eine Prüfung der Rechtsbeständigkeit erfolgen. Zunächst muss der vorbekannte Formenschatz ermittelt werden. Danach ist das Design mit einer Merkmalsgliederung zu analysieren und mit dem vorbekannten Formenschatz auf Eigenart zu prüfen.

Eine Durchsetzung kann zunächst mit einer Berechtigungsanfrage, einer Abmahnung oder einer einstweiligen Verfügung beginnen. Außerdem kann der Klageweg beschritten werden.

Vorbekannter Formenschatz
Der vorbekannte Formenschatz umfasst sämtliche Designs, die vor dem Anmelde- bzw. Prioritätstag des zu prüfenden Designs bekannt waren und daher für die Rechtsbeständigkeit des Designs von Bedeutung sind.

Gibt es im vorbekannten Formenschutz sehr viele ähnliche Designs, kann dem Design ein nur geringer Schutzumfang zugebilligt werden. Gibt es andererseits keinen relevanten vorbekannten Formenschatz ist der Schutzbereich des Designs groß anzunehmen.

Merkmalsanalyse des Gesamteindrucks
In der Merkmalsgliederung sind die einzelnen Merkmale zu benennen, wodurch ein Vergleich mit den Designs des vorbekannten Formenschatzes ermöglicht wird. Rein technische Merkmale sind nicht in die Merkmalsgliederung aufzunehmen. Die einzelnen Merkmale sind nach ihrer Bedeutung zu gewichten.

Informierter Benutzer
Der Gesamteindruck eines Designs ist aus der Perspektive des informierten Benutzers zu entwickeln. Der informierte Benutzer weist ein grundlegendes Wissen über Designs auf, aber er ist kein Designexperte. Der informierte Benutzer erkennt daher Details an Designs,

---

[20] § 48 Designgesetz.
[21] § 41 Absatz 1 Satz 1 Designgesetz.

die einem gewöhnlichen Verbraucher verborgen bleiben würden. Der informierte Benutzer zeichnet sich durch eine hohe Aufmerksamkeit aus.[22]

Berechtigungsanfrage

Eine Berechtigungsanfrage dient der Abklärung der rechtlichen Situation, wobei insbesondere keine strafbewehrte Unterlassungserklärung verlangt wird und kein gerichtliches Verfahren angedroht wird. Die Kosten einer Berechtigungsanfrage sind vom Designinhaber zu tragen.

Abmahnung

Die Abmahnung ist der letzte Versuch, eine Designverletzung außergerichtlich zu bereinigen. Stammt eine Abmahnung von einem Patentanwalt oder einem auf dem Gebiet des gewerblichen Rechtsschutzes spezialisierten Rechtsanwalt, kann davon ausgegangen werden, dass die Rechtsbeständigkeit des Designs geprüft wurde. Eine Abmahnung sollte in diesem Fall nicht leichthin mit der Begründung abgetan werden, dass ein Design ein ungeprüftes Schutzrecht sei.

In der Abmahnung wird die Abgabe einer strafbewehrten Unterlassungserklärung gefordert. Außerdem wird ein gerichtliches Durchsetzen angedroht, wenn keine endgültige Beendigung der Rechtsverletzung erreicht wird.

Dem Abgemahnten wird in aller Regel eine nur kurze Frist zur Beantwortung gewährt, um sich die Möglichkeit einer einstweiligen Verfügung zu erhalten. Eine Antwortfrist von einer Woche ist angemessen und üblich. Wird eine zu kurze Frist gesetzt, zum Beispiel von Freitagnachmittag auf Montagvormittag, wird dadurch die Abmahnung nicht ungültig, sondern die zu kurze Frist ist durch eine angemessene Frist zu ersetzen. Die Kosten einer Abmahnung sind von dem zu Recht Abgemahnten zu übernehmen, ansonsten vom Abmahnenden.

Einstweilige Verfügung

Mit einer einstweiligen Verfügung kann eine sehr schnelle richterliche Entscheidung erlangt werden. Allerdings muss hierzu Dringlichkeit vorliegen. Es muss daher der normale Klageweg dem Designinhaber nicht zumutbar sein.

Das Problem bei einer einstweiligen Verfügung ist, dass das Designrecht ein ungeprüftes Schutzrecht ist. Es ist daher zumindest ein eigenes Gutachten zur Rechtsbeständigkeit vorzulegen. Der befasste Richter wird sehr wahrscheinlich trotzdem keine Entscheidung fällen, ohne dass der Gegenseite die Möglichkeit zur Stellungnahme eingeräumt wird. Er wird zumindest sehr kurzfristig eine mündliche Verhandlung ansetzen.

---

[22] EuGH, 20.10.2011, C-281/10 P, GRUR 2012, 506 – PepsiCo.

Klageverfahren

Das Klageverfahren wird vor einem ordentlichen Gericht geführt, wobei für jedes Bundesland besondere Land- und Oberlandesgerichte für Designstreitsachen bestimmt wurden, um eine Spezialisierung auf das Designrecht zu ermöglichen.[23]

In einem Klageverfahren kann Widerklage erhoben werden und die Rechtsbeständigkeit des betreffenden Designs bestritten werden.[24] In diesem Fall muss sich das Gericht nicht nur mit der Verletzung, sondern auch mit der Rechtsbeständigkeit des Designs befassen.

Grenzen der Durchsetzung

Das Designrecht kennt ein Vorbenutzungsrecht, das es demjenigen erlaubt, der das Design vor dem Anmelde- oder Prioritätstag in Gebrauch hatte, die Benutzung für seinen Betrieb fortzusetzen.[25] Ist ein Design rein technisch bedingt[26] oder mangelt es dem Design an der Sichtbarkeit im üblichen Gebrauch[27], ist eine Durchsetzung ausgeschlossen.

5.5   Nichtigkeitsverfahren

Ein Design kann im Nichtigkeitsverfahren vor dem Patentamt oder in einer Widerklage im Verletzungsverfahren angegriffen werden.

Deutsches Design

Ein deutsches Design kann mit einem Nichtigkeitsverfahren vor dem deutschen Patentamt (DPMA) beseitigt werden.

Nichtigkeitsgründe

Es können absolute und relative Nichtigkeitsgründe unterschieden werden. Der Unterschied liegt darin, dass die relativen Nichtigkeitsgründe nur von den Inhabern älterer Rechte geltend gemacht werden können und die absoluten Nichtigkeitsgründe von jedermann genutzt werden können, um ein Nichtigkeitsverfahren zu führen.

Zu den absoluten Nichtigkeitsgründen zählen mangelnde Neuheit und fehlende Eigenart des Streitdesigns.[28] Ist ein Design ausschließlich technisch bedingt oder ergibt es sich wegen des Zusammenbaus mit einem komplementären Bauteil, kann es ebenfalls für nichtig erklärt

---

[23] § 52 Absätze 2 und 3 Designgesetz.
[24] § 52b Absatz 1 Satz 1 Designgesetz.
[25] BGH, 29.06.2017, I ZR 9/16 – Bettgestell, https://juris.bundesgerichtshof.de/cgi-bin/rechtsprechung/document.py?Gericht=bgh&Art=en&az=I%20ZR%209/16&nr=80242, abgerufen am 06.09.2023.
[26] § 3 Absatz 1 Nr. 1 Designgesetz bzw. Artikel 8 Absatz 1 GGV.
[27] § 4 Designgesetz bzw. Artikel 4 Absatz 2 lit. a GGV.
[28] § 33 Absatz 1 Nr. 2 Designgesetz.

werden. Löschungsreife besteht außerdem bei Verletzung der öffentlichen Ordnung und der guten Sitten.[29]

Relative Nichtigkeitsgründe ergeben sich durch die Verletzung älterer Rechte, insbesondere Designs, Marken oder Urheberrechten. Wird ein Design wegen relativer Nichtigkeitsgründe angegriffen, kann eventuell eine Heilung das angegriffene Design vor der Nichtigerklärung bewahren. Eine Heilung tritt ein, wenn das Streitdesign derart abgeändert wird, dass die Verletzung des älteren Rechts beseitigt ist. Hierbei ist nur das Entfernen von Elementen des Streitdesigns zulässig. Ein Hinzufügen neuer Elemente zur Heilung ist ausgeschlossen.

Ablauf des Nichtigkeitsverfahrens

Der Antrag auf Nichtigkeit ist mit Gründen und Beweismitteln zu versehen und beim Patentamt einzureichen.[30] Der Antrag wird dem Designinhaber übermittelt, dem eine Monatsfrist zum Widerspruch eingeräumt wird. Widerspricht der Designinhaber nicht dem Nichtigkeitsantrag, wird das Design für nichtig erklärt.[31]

Widerspricht der Designinhaber beginnt das zweiseitige Verfahren, wobei eine mündliche Verhandlung terminiert werden kann, falls ein Verfahrensbeteiligter dies beantragt oder das Patentamt es für sachdienlich hält.[32]

Nach Ende des Verfahrens kann auch über die Kosten entschieden werden, wobei zumeist der unterliegenden Partei sämtliche Kosten des Verfahrens auferlegt werden (Unterliegensprinzip).[33] Ohne Kostenentscheidung muss jede Partei ihre Kosten selbst tragen.[34]

Der Beitritt zu einem anhängigen Nichtigkeitsverfahren ist möglich, wenn ein rechtliches Interesse vorliegt. Ein rechtliches Interesse kann insbesondere nachgewiesen werden, wenn ein Designverletzungsverfahren gegen den Beitretenden anhängig ist oder dieser aus dem Streitdesign abgemahnt wurde.[35]

Ein Nichtigkeitsverfahren kann auch gegen ein Design geführt werden, das nicht mehr in Kraft ist, um sich gegen die Inanspruchnahme aus Rechten des Designs für die Vergangenheit zu wehren.[36]

Gemeinschaftsgeschmacksmuster

Ein Designrecht, das für die EU-Staaten eine einheitliche Wirkung entfaltet, wird Gemeinschaftsgeschmacksmuster genannt.

---

[29] § 33 Absatz 1 Nr. 3 i. V. m. § 3 Absatz 1 Nr. 1 bis 3 Designgesetz.

[30] § 34a Absatz 1 Sätze 1 und 2 Designgesetz.

[31] § 34a Absatz 2 Sätze 1 und 2 Designgesetz.

[32] § 34a Absatz 3 Designgesetz.

[33] § 91 Absatz 1 Satz 1 ZPO.

[34] § 34a Absatz 5 Satz 4 Designgesetz.

[35] § 34c Absatz 1 Designgesetz.

[36] § 33 Absatz 5 Designgesetz.

Ein Gemeinschaftsgeschmacksmuster kann mit einem Nichtigkeitsverfahren vor dem EUIPO (Amt der Europäischen Union für geistiges Eigentum) bekämpft werden. Außerdem kann eine Widerklage in einem Verletzungsverfahren erhoben werden, um zu veranlassen, dass die Rechtsbeständigkeit eines Gemeinschaftsgeschmacksmusters überprüft wird.[37]

Der Nichtigkeitsantrag gilt erst als gestellt, wenn die Nichtigkeitsgebühr entrichtet wurde.[38] Außerdem muss der Antrag mit Gründen versehen sein.

Das Nichtigkeitsverfahren vor dem EUIPO läuft ausschließlich schriftlich ab. Ein Designrecht, das nicht mehr anhängig ist, kann dennoch für die Vergangenheit für nichtig erklärt werden.[39]

Internationale Eintragung

Eine internationale Eintragung eines Designs kann für den deutschen Teil mit einem Verfahren vor dem deutschen Patentamt beseitigt werden.[40]

5.6   Deutsches Design

Ein Design steht seinem Entwerfer oder dessen Rechtsnachfolger zu. Wurde das Design von mehreren Entwerfern gemeinsam erschaffen, steht das Recht an dem Design der Entwerfergemeinschaft gemeinschaftlich zu.[41] Wird das Design von einem Arbeitnehmer geschaffen, geht es in das Eigentum des Arbeitgebers über.[42] Dies gilt nicht bei einem Auftragsverhältnis. In diesem Fall verbleibt das Eigentum am Design beim Entwerfer.

Die Eintragung eines Designs durch einen Unberechtigten kann von dem Berechtigten mit einem Löschungsverfahren bereinigt werden. Alternativ kann der Berechtigte verlangen, dass ihm das Designrecht übertragen wird.[43]

Der Anmelder hat den Entwerfer zu nennen.[44] Hierdurch soll es dem Entwerfer ermöglicht werden, eine Bekanntheit aufzubauen. Liegt eine Entwerfergemeinschaft vor, ist jeder Entwerfer zu nennen. Die Verwendung von Pseudonymen genügt der Pflicht zur Nennung nicht.[45]

Das deutsche Design ist ein ungeprüftes Schutzrecht, da vor der Eintragung in das Register ausschließlich eine Prüfung auf formale Mängel erfolgt.[46] Eine Prüfung auf

---

[37] Artikel 24 Absatz 1 GGV.
[38] Artikel 52 Absatz 2 GGV.
[39] Artikel 24 Absatz 2 GGV.
[40] § 70 Absatz 1 Satz 1 Designgesetz.
[41] § 7 Absatz 1 Designgesetz.
[42] § 7 Absatz 2 Designgesetz.
[43] § 9 Absatz 1 Satz 1 Designgesetz.
[44] § 10 Satz 1 Designgesetz.
[45] § 10 Satz 2 Designgesetz.
[46] § 16 Absatz 1 Designgesetz.

Schutzfähigkeit, insbesondere ob das Design gegenüber dem vorbekannten Formenschatz Eigenart aufweist, findet nicht statt.

Anmelde- und Eintragungsverfahren
Der Anmelder einer deutschen Designanmeldung kann eine natürliche oder eine juristische Person sein. Eine Anmeldergemeinschaft ist zulässig.

Eine Anmeldung muss folgende Bestandteile aufweisen:[47]

- einen Antrag auf Eintragung eines Designs, der vom Anmelder unterschrieben ist,
- die Angabe der Identität des Anmelders,
- eine Darstellung des Designs und
- die Angabe der Erzeugnisse, für die das Design benutzt werden soll.

Ein Anmeldetag wird der Designanmeldung zuerkannt, falls die ersten drei Punkte erfüllt sind.

Der Designanmeldung können außerdem die folgenden Angaben beigefügt werden:

- die Warenklassen, zu denen die Erzeugnisse gehören,
- die Nennung des Entwerfers,
- die Angabe eines Vertreters,
- eine Erläuterung der Darstellung des Designs und
- einen Antrag auf Aufschiebung der Veröffentlichung der Darstellung des Designs.

Die Angabe der Erzeugnisse und der Warenklassen beschränkt nicht den Schutzumfang des Designs. Diese Angabe wird ausschließlich dazu verwendet, das Design in das Register des Patentamts einzuordnen.[48]

Die Erläuterung des Designs kann insbesondere dazu genutzt werden, einzelne Elemente der Darstellung des Designs als nicht zum beanspruchten Design gehörend zu erklären. Hierdurch kann der Schutzumfang erweitert werden.[49]

Sammelanmeldung
Mit einer Sammelanmeldung können bis zu 100 Designs gleichzeitig angemeldet werden, wobei nur eine Anmeldegebühr fällig wird. Die Designs einer Sammelanmeldung können unterschiedlichen Warenklassen angehören.

Eine Sammelanmeldung kann geteilt werden.[50] Bevor Aufrechterhaltungsgebühren fällig werden, können daher diejenigen Designs einer Sammelanmeldung fallen gelassen werden, die nicht mehr benötigt werden.

---

[47] § 11 Absätze 2 und 3 Designgesetz.
[48] § 11 Absatz 6 Designrecht.
[49] § 10 Absatz 2 Satz 1 Designverordnung.
[50] § 12 Absatz 1 Designverordnung.

Priorität

Nach der Pariser Verbandsübereinkunft (PVÜ) kann innerhalb einer Frist von sechs Monaten nach Anmeldetag einer ersten Anmeldung die Priorität dieser Anmeldung in Anspruch
genommen werden.[51] Wird die Priorität einer früheren Designanmeldung in Anspruch
genommen, ist dem Patentamt innerhalb einer Frist von 16 Monaten nach dem Anmeldetag
der früheren Anmeldung der Anmeldetag, das Land, das Aktenzeichen und eine Abschrift
der früheren Designanmeldung zu übermitteln.[52]

Aufschiebung der Bekanntmachung der Wiedergabe des Designs

Es kann beantragt werden, die Darstellungen des Designs um bis zu 30 Monate geheim
zu halten. Es ist dann öffentlich nur zugänglich, dass ein Design eingetragen wurde. Die
Darstellungen des Designs können nicht eingesehen werden.[53]

Weiterbehandlung

Versäumt der Anmelder eine Frist zur Vornahme einer Handlung, wodurch die Anmeldung
zurückgewiesen wird, so kann er innerhalb eines Monats die Handlung nachholen. Die
Zurückweisung wird dadurch hinfällig.[54] Außerdem muss innerhalb der Monatsfrist eine
Weiterbehandlungsgebühr entrichtet werden.[55]

Amtsgebühren und Fristen

Innerhalb von drei Monaten nach Einreichung einer Designanmeldung ist eine Anmeldegebühr zu entrichten.[56] Aufrechterhaltungsgebühren sind für das 6. bis 10., das 11. bis 15.,
das 16. bis 20. und das 21. bis 25. Jahr zu bezahlen. Die Aufrechterhaltungsgebühren sind
vorfristig zu entrichten, und zwar nach 5, 10, 15 bzw. 20 Jahren.[57]

---

[51] WIPO, https://www.wipo.int/edocs/pubdocs/de/intproperty/201/wipo_pub_201.pdf, abgerufen
am 31.08.2023, Artikel 4 C Absatz 1.
[52] § 14 Absatz 1 Satz 1 Designgesetz.
[53] § 21 Absatz 1 Designgesetz.
[54] § 17 Absätze 1 und 2 Designgesetz.
[55] § 6 Absatz 1 Satz 1 Patentkostengesetz.
[56] § 6 Absatz 1 Satz 2 Patentkostengesetz.
[57] DPMA, https://dpma.de/service/gebuehren/designs/index.html, abgerufen am 31.08.2023.

5.7 Europäisches Design (Gemeinschaftsgeschmacksmuster)

Ein Gemeinschaftsgeschmacksmuster, das eine einheitliche Schutzwirkung in sämtlichen EU-Staaten hat, kann beim EUIPO[58] in Alicante angemeldet werden. Außerdem gibt es ein nicht eingetragenes Gemeinschaftsgeschmacksmuster, das durch Bekanntmachung manifestiert wird.

Eine Anmeldung kann beim EUIPO online eingereicht werden. Alternativ kann die Anmeldung beim deutschen Patentamt eingereicht werden, die die Anmeldung an das EUIPO weiterleitet.[59] Es wird eine Eintragungs- und eine Bekanntmachungsgebühr fällig. Wird mit der Anmeldung die Aufschiebung der Bekanntmachung beantragt, ist statt der Bekanntmachungsgebühr eine Aufschiebungsgebühr zu entrichten.[60]

Die Voraussetzungen eines rechtsbeständigen Gemeinschaftsgeschmacksmusters entsprechen denen des deutschen Designs.[61] Die maximale Laufzeit des Schutzrechts beträgt wie beim deutschen Design 25 Jahre.[62]

Recht am Entwurf

Das Recht am Gemeinschaftsgeschmacksmuster steht dem Entwerfer bzw. dessen Rechtsnachfolger zu.[63] Steht der Entwerfer jedoch in einem Arbeitsverhältnis und hat er auf Anweisung eines Arbeitgebers das Design entworfen oder in Ausübung seiner beruflichen Tätigkeit, ist das Design Eigentum des Arbeitgebers.[64]

Aufschiebung der Bekanntmachung

Bekannte Unternehmen, wie beispielsweise Apple Inc., die Microsoft Corporation oder die Automobilhersteller, deren Produktneuheiten ein großes Medieninteresse erwecken, möchten ihre Produkte werbewirksam erstmalig zu bestimmten Präsentationen vorstellen. Bis dahin sollen die Produktneuheiten geheim bleiben. Aus diesem Grund besteht die Möglichkeit der Aufschiebung der Bekanntmachung. Eine Aufschiebung kann für maximal 30 Monate beantragt werden. Wird für das Design eine Priorität in Anspruch genommen, verkürzt sich die maximale Aufschiebung entsprechend.[65]

---

[58] European Union Intellectual Property Office (Amt der Europäischen Union für geistiges Eigentum). Das EUIPO hieß bis 23. März 2016 Harmonisierungsamt für den Binnenmarkt (Marken, Muster und Modelle), kurz: HABM.

[59] Artikel 35 Absätze 1 und 2 GGV.

[60] EUIPO, https://www.euipo.europa.eu/de/designs/before-applying/fees-payable-direct-to-the-euipo, abgerufen am 01.09.2023.

[61] Artikel 4 GGV.

[62] Artikel 12 Satz 2 GGV.

[63] Artikel 14 Absatz 1 Verordnung über das Gemeinschaftsgeschmacksmuster (GGV).

[64] Artikel 14 Absatz 3 GGV.

[65] Artikel 50 Absatz 1 GGV.

Nennung des Entwerfers
Der Entwerfer des Gemeinschaftsgeschmacksmusters ist zu nennen.[66] Wurde das Design von einer Entwerfergemeinschaft entworfen, ist zumindest die Bezeichnung des Entwerferteams zu nennen.[67]

Sammelanmeldung
Eine Sammelanmeldung ist nur möglich, wenn die jeweiligen Erzeugnisse derselben Klasse nach der Locarno-Klassifikation angehören.[68]

Neuheitsschonfrist
Veröffentlichungen des Designs, die durch den Entwerfer oder dessen Rechtsnachfolger erfolgten, bleiben bei der Bewertung von Neuheit und Eigenart unbeachtlich, wenn sie nicht länger als 12 Monate vor dem Anmeldetag liegen.[69]

Einheitlichkeit
Ein Gemeinschaftsgeschmacksmuster stellt kein Bündel nationaler Schutzrechte dar, sondern ist ein einzelnes Schutzrecht, das für alle EU-Staaten dieselbe Wirkung entfaltet. Wird das Gemeinschaftsgeschmacksmuster übertragen, darauf verzichtet oder für nichtig erklärt, gilt dies für alle EU-Staaten.[70]

Nicht eingetragenes Gemeinschaftsgeschmacksmuster
Es gibt für den EU-Raum ein nicht eingetragenes Gemeinschaftsgeschmacksmuster.[71] Statt einer Eintragung ist eine Veröffentlichung innerhalb der Europäischen Union erforderlich, damit das Schutzrecht entsteht.[72] Die Veröffentlichung muss zur Bekanntmachung des Designs in den in der Europäischen Union tätigen Fachkreisen führen.[73] Die Schutzdauer des nicht eingetragenen Gemeinschaftsgeschmacksmuster ist auf drei Jahre ab dem Zeitpunkt der Veröffentlichung beschränkt.[74]

Zusätzlich zu der sehr kurzen Schutzdauer ist der Schutzumfang klein. Mit einem nicht eingetragenen Gemeinschaftsgeschmacksmuster können nur Nachahmungen bekämpft

---

[66] Artikel 18 Satz 1 GGV.

[67] Artikel 18 Satz 2 GGV.

[68] Artikel 2 Absatz 1 Durchführungsverordnung zur Verordnung über das Gemeinschaftsgeschmacksmuster. (GGDV).

[69] Artikel 7 Absatz 2 GGV.

[70] Artikel 1 Absatz 3 GGV.

[71] Artikel 1 Absatz 2 lit. a GGV.

[72] Artikel 11 Absatz 1 GGV.

[73] Artikel 11 Absatz 2 Satz 1 GGV.

[74] Artikel 11 Absatz 1 GGV.

werden. Außerdem muss der Designverletzer in Kenntnis des Gemeinschaftsgeschmacksmusters gehandelt haben.[75]

Man sollte sich nicht auf das nicht eingetragene Gemeinschaftsgeschmacksmuster verlassen. Immerhin muss zu dessen Geltendmachung Vorsatz des Verletzers nachgewiesen werden und die Designverletzung muss eine genaue Kopie des Schutzrechts darstellen. Das nicht eingetragene Gemeinschaftsgeschmacksmuster ist als ein Rettungsanker anzusehen, das in der Not helfen kann.

5.8   Internationales Design

Beim WIPO (Weltorganisation für geistiges Eigentum) in Genf kann auf Basis des Haager Abkommens über die internationale Hinterlegung gewerblicher Muster und Modelle (kurz: Haager Musterabkommen) ein internationales Designrecht angemeldet werden.

Durch die internationale Hinterlegung eines Designs wird eine Grundgebühr und eine Veröffentlichungsgebühr fällig. Zusätzlich ist für jedes gewünschte Land, in dem das Designrecht seine Wirkung entfalten soll, eine Benennungsgebühr zu bezahlen.[76] Die WIPO stellt unter dem Link https://www.wipo.int/hague/en/fees/calculator.jsp einen Gebührenrechner zur Verfügung.

5.9   Anmelden eines Designs

Der Schutzumfang eines Designs wird im Wesentlichen durch die Darstellungen bestimmt. Es sollte daher großen Wert auf aussagekräftige Darstellungen gelegt werden.

Naturalistische oder schematische Darstellung des Designs
Eine naturalistische Darstellung ergibt eine detailgenaue Wiedergabe des Designs. Vorteilhafterweise kann eine naturalistische Darstellung einfach durch Fotografieren erstellt werden. Eine naturalistische Darstellung kann daher schnell erhalten werden. Außerdem werden keine wichtigen Details des Designs vergessen. Es ist sichergestellt, dass der richtige Gesamteindruck vermittelt wird. Ein Nachteil der naturalistischen Darstellung ist ein eventuell kleiner Schutzumfang, da die vielen Details der Darstellung einen kleinen Schutzumfang bedeuten.

Bei der schematischen Darstellung des Designs werden Zeichnungen genutzt. Vorteilhafterweise können unwichtige Details weggelassen werden, wodurch sich ein großer Schutzumfang ergeben kann.

---

[75] EUIPO, https://euipo.europa.eu/ohimportal/de/designs-in-the-european-union, abgerufen am 01.09.2023.
[76] WIPO, https://www.wipo.int/hague/en/, abgerufen am 01.09.2023.

Darstellung in schwarz/weiß oder in Farbe

Es gibt Designs, die sich insbesondere durch eine außergewöhnliche Farbgestaltung aus-
zeichnen. Der wesentliche Anteil des erzeugten Gesamteindrucks ergibt sich daher aus der
Farbgebung des Designs. In diesem Fall kann keine Darstellung in schwarz/weiß eingereicht
werden. In allen anderen Fällen sollte eine Darstellung in schwarz/weiß bevorzugt werden,
da in diesem Fall sämtliche gängigen Farbgestaltungen vom Schutzbereich umfasst sind.

Wird ein Design wegen seiner besonderen Farben als farbige Darstellung angemeldet,
sollte überlegt werden, der Anmeldung zusätzlich eine Darstellung in schwarz/weiß als
weiteres Design beizufügen.

Auswahl der Darstellungen

Typischerweise wird ein Design von vorne, von hinten, von rechts, von links, von oben
und von unten dargestellt. Allerdings kann das Einreichen sämtlicher Ansichten falsch sein,
wenn hierdurch Details gezeigt werden, die nicht das zu schützende Design darstellen, die
aber den Schutzumfang verkleinern. So kann die Gefahr bestehen, dass eine Änderung an
einem unwesentlichen Element eine Umgehung des Schutzrechts ermöglicht.

Erzeugnisse und Warenklassen

In der Anmeldung sind die Erzeugnisse mit ihren Warenklassen anzugeben, für das das
Design benutzt werden soll. Eine Beschränkung des Schutzumfangs entsteht dadurch
nicht. Die Locarno-Klassifikation, anhand der die Warenklassen bestimmt werden können, kann unter dem Link https://www.dpma.de/recherche/klassifikationen/designs/index.
html#a5 abgerufen werden.

Deutsche Designanmeldung

Eine deutsche Anmeldung kann online oder postalisch beim deutschen Patentamt (DPMA:
Deutsches Patent- und Markenamt) eingereicht werden. Es können zu jeder Anmeldung
maximal zehn Darstellungen beigefügt werden.[77]

Mit einer Anmeldung können mehrere unterschiedliche Designs beansprucht werden.
In diesem Fall sind die Darstellungen mit zwei arabischen Ziffern zu kennzeichnen, wobei
die erste Ziffer das Design kennzeichnet und die zweite Ziffer die Darstellung. Die beiden
Ziffern sind durch Punkt zu trennen.[78]

Das Design ist vor einem neutralen Hintergrund abzubilden, wobei auf der Darstellung
kein Text oder Firmenlogo vorhanden sein darf. Außerdem darf auf jeder Darstellung nur
ein Design abgebildet sein.[79]

Die Anmeldung kann eine Beschreibung der Darstellungen enthalten, die maximal 100
Worte umfassen darf und auf einem separaten Blatt der Anmeldung beizufügen ist.[80] Die

---

[77] § 7 Absatz 1 Satz 2 Designverordnung.
[78] § 7 Absatz 2 Satz 2 Designverordnung.
[79] § 7 Absatz 3 Satz 3 Designverordnung.
[80] § 10 Absatz 2 Sätze 1 und 2 Designverordnung.

Beschreibung dient der Erläuterung der Darstellung, wobei einzelne Elemente als nicht zum Design dazugehörend erklärt werden können.[81] Hierdurch können bei naturalistischen Darstellungen unwichtige Details aus der Bestimmung des Schutzumfangs herausgenommen werden und dadurch ein größerer Schutzbereich erhalten werden.

Bei einem flächenmäßigen Design, beispielsweise einer Tapete, sollten zumindest zwei Ansichten eingereicht werden.[82] In einer ersten Ansicht ist das vollständige Design einmal darzustellen und in einer zweiten Darstellung ist das sich wiederholende Design darzustellen.[83]

Europäische Designanmeldung
Eine Anmeldung kann nur online erfolgen. Jedes Design darf maximal sieben Darstellungen aufweisen.[84] Jede Darstellung ist mit zwei arabischen Ziffern zu kennzeichnen, wobei die erste Ziffer das Design bedeutet und die zweite Ziffer die Darstellung. Die beiden Ziffern sind durch einen Punkt zu trennen.[85]

Das Design ist vor einem neutralen Hintergrund darzustellen. Die Darstellung darf nicht mit einer Korrekturflüssigkeit bearbeitet sein.[86]

Ein Flächenmuster, beispielsweise eine Tapete, ist mit zumindest zwei Darstellungen zu zeigen, nämlich einer Ansicht des vollständigen Musters und einer weiteren Ansicht, auf der die Weise der beanspruchten Wiederholung erkannt werden kann.[87]

---

[81] § 10 Absatz 1 Designverordnung.
[82] § 8 Absatz 1 Designverordnung.
[83] § 8 Absatz 3 Designverordnung.
[84] Artikel 4 Absatz 2 Satz 1 Durchführungsverordnung zur Verordnung über das Gemeinschaftsgeschmacksmuster (GGDV).
[85] Artikel 4 Absatz 2 Satz 3 GGDV.
[86] Artikel 4 Absatz 1 lit. e Satz 1 GGDV.
[87] Artikel 4 Absatz 3 GGDV.

Arbeitnehmererfindungsrecht

6

Inhaltsverzeichnis

Das Arbeitnehmererfindungsrecht ist ein wichtiges Thema für ein Startup, da für technische Erfindungen eines Arbeitnehmers dessen Regelungen einzuhalten sind.

Nach dem Patentgesetz gehört eine Erfindung dem Erfinder.[1] Dem steht das Arbeitsrecht entgegen, das ein Arbeitsergebnis, also auch die Erfindung eines Arbeitnehmers, dem Arbeitgeber zuspricht. Das Arbeitnehmererfindungsgesetz löst diesen Widerspruch auf, indem es dem Arbeitgeber die Möglichkeit gibt, die Erfindung in Anspruch zu nehmen.[2] Im Gegenzug erhält der Arbeitnehmer einen Vergütungsanspruch gegenüber dem Arbeitgeber.[3]

---

[1] § 6 Satz 1 Patentgesetz.

[2] § 6 Absatz 1 Arbeitnehmererfindungsgesetz.

[3] § 9 Absatz 1 Arbeitnehmererfindungsgesetz.

T. H. Meitinger, *Startup Erfinderhandbuch*, https://doi.org/10.1007/978-3-662-70539-1_6

6.1   Geltungsbereich

Das Arbeitnehmererfindungsgesetz ist für technische Erfindungen von Arbeitnehmern im privaten und öffentlichen Dienst einschlägig.[4] Das Arbeitnehmererfindungsgesetz regelt die Rechte und Pflichten des Arbeitgebers und seines erfinderischen Arbeitnehmers. Die Übertragung der Erfindung vom Arbeitgeber an einen Dritten ändert am Rechtsverhältnis zum Zeitpunkt der Schaffung der Erfindung nichts. Der Dritte wird nicht zum neuen „Arbeitgeber" nach Arbeitnehmererfindungsgesetz des Erfinders.

Es ist wichtig zu wissen, dass für die Organe eines Unternehmens das Arbeitnehmererfindungsgesetz nicht gilt. Die Erfindungen eines Geschäftsführers einer GmbH oder eines Vorstandsmitglieds einer Aktiengesellschaft fallen daher nicht unter das Arbeitnehmererfindungsgesetz. Möchte man, dass die Erfindung eines Geschäftsführers vom Unternehmen in Anspruch genommen werden kann, sollte dies entsprechend im Arbeitsvertrag geregelt werden. Ein Passus „Erfindungen des angestellten Geschäftsführers fallen unter das Arbeitnehmererfindungsgesetz" würde bereits genügen.

Werden Aufträge an freie Mitarbeiter vergeben, können dabei entstehende Erfindungen ebenfalls nicht aufgrund des Arbeitnehmererfindungsgesetzes in Anspruch genommen werden. Auch für freie Mitarbeiter sollte daher eine vertragliche Regelung getroffen werden.

6.2   Arten von Erfindungen

Es gibt vier unterschiedliche Arten von technischen Verbesserungen, die von dem Arbeitnehmererfindungsgesetz geregelt werden. Eine nicht patentfähige Verbesserung wird als technischer Verbesserungsvorschlag bezeichnet. Ist die Verbesserung patentfähig kann es sich um eine Diensterfindung oder eine freie Erfindung handeln. Wird eine Diensterfindung nicht in Anspruch genommen oder nachträglich frei gegeben, liegt eine freigewordene Erfindung vor.

Diensterfindung
Eine Diensterfindung ergibt sich im Zuge eines Arbeitsverhältnisses aus der beruflichen Tätigkeit. Es ist auch von einer Diensterfindung auszugehen, falls die Diensterfindung auf dem Know-How des Betriebs basiert.[5] Es ist unerheblich, ob die eigentliche Schaffung der Erfindung nach Arbeitsschluss, im Wochenende oder im Urlaub stattfand.

Erfindungsmeldung

---

[4] § 1 Arbeitnehmererfindungsgesetz.
[5] § 4 Absatz 2 Arbeitnehmererfindungsgesetz.

Der Arbeitnehmer muss eine Erfindung seinem Arbeitgeber unverzüglich melden.[6] Eine Erfindungsmeldung erfordert Textform, sie kann daher mit einem Schreiben, einer Email oder einer Faxkopie erfolgen. Der Arbeitgeber soll durch die Erfindungsmeldung in die Lage versetzt werden, zu entscheiden, ob er die Erfindung in Anspruch nehmen möchte. Eine ordnungsgemäße Erfindungsmeldung setzt die Fristen des Arbeitnehmererfindungsgesetzes in Gang.

Die Erfindungsmeldung muss separat übermittelt werden und es muss klar erkennbar sein, dass es sich um die Meldung einer Erfindung handelt. Insbesondere liegt keine ordnungsgemäße Erfindungsmeldung vor, wenn die Mitteilung innerhalb einer Email als ein Punkt von mehreren angeordnet ist. Diese formalen Erfordernisse sind der Bedeutung der Erfindungsmeldung im Arbeitnehmererfindungsgesetz geschuldet. Ohne eine ordnungsgemäße Erfindungsmeldung werden die Fristen des Arbeitnehmererfindungsgesetzes nicht in Gang gesetzt.

Die Erfindungsmeldung muss die technische Aufgabe, das grundlegende technische Konzept der Erfindung und die verschiedenen Ausführungsformen erläutern. Außerdem muss der Erfindungsmeldung zu entnehmen sein, wer und zu welchem Anteil an der Erfinderschaft beteiligt war, welche technischen Hilfsmittel und welches Know-How des Betriebs genutzt wurden, ob die Aufgabe und der Lösungsweg vom Betrieb vorgegeben wurde und ob die Mängel, die von der Erfindung beseitigt werden, vom Erfinder erkannt wurden oder vom Betrieb vorgegeben wurden. Mit diesen Angaben soll der Arbeitgeber in die Lage versetzt werden, die Arbeitnehmererfindervergütung zu berechnen.[7]

Der Arbeitgeber kann den Erfinder innerhalb einer Frist von zwei Monaten auffordern, fehlende Angaben zu ergänzen. Nach Ablauf einer ungenutzten Zweimonatsfrist gilt die Erfindungsmeldung als ordnungsgemäß.[8]

Inanspruchnahme

Dem Arbeitgeber steht die Wahl zu, ob er die Erfindung seines Arbeitnehmers in Anspruch nimmt, und damit das Eigentum an der Erfindung übernimmt, oder sie freigibt. Eine Inanspruchnahme erfolgt durch Erklärung gegenüber dem Arbeitnehmer.[9] Möchte der Arbeitgeber die Erfindung nicht übernehmen, so muss er dies explizit durch Erklärung dem Arbeitnehmer mitteilen. Andernfalls wird eine Inanspruchnahme gesetzlich fingiert.[10]

Wird eine Erfindung, die bereits gemeldet wurde, weiterentwickelt und stellt die Weiterentwicklung eine patentfähige Erfindung dar, muss der Arbeitgeber mit einer neuen Erfindungsmeldung darüber informiert werden. Ist die Weiterentwicklung nicht patentfähig, ist keine Meldung erforderlich und die Weiterentwicklung stellt ohnehin als Arbeitsresultat nach Arbeitsrecht Eigentum des Arbeitgebers dar.

---

[6] § 5 Absatz 1 Satz 1 Arbeitnehmererfindungsgesetz.

[7] § 5 Absatz 2 Arbeitnehmererfindungsgesetz.

[8] § 5 Absatz 3 Satz 1 Arbeitnehmererfindungsgesetz.

[9] § 6 Absatz 1 Arbeitnehmererfindungsgesetz.

[10] § 6 Absatz 2 Arbeitnehmererfindungsgesetz.

Eine Erklärung der Inanspruchnahme stellt ein einseitiges Rechtsgeschäft durch Willenserklärung dar, das auch gegen den Willen des Arbeitnehmers wirksam ist. Die Inanspruchnahme führt dazu, dass alle vermögensrelevanten Rechte an der Erfindung vom Arbeitnehmer an den Arbeitgeber übergehen. Durch den Akt der Inanspruchnahme entsteht ein Anspruch auf Vergütung des Arbeitnehmers gegenüber dem Arbeitgeber.

Patentanmeldung

Der Arbeitgeber muss eine in Anspruch genommene Erfindung umgehend zum Patent anmelden.[11] Rechtfertigen es schwerwiegende Gründe kann der Arbeitgeber auf eine Patentanmeldung verzichten und die Erfindung als betriebsgeheime Erfindung nutzen. Es ist dem Arbeitgeber gestattet, sich vor der Einreichung von Anmeldeunterlagen von der Erteilungsfähigkeit der Erfindung durch eine eigene Recherche zu vergewissern.

Erfüllt der Arbeitgeber nicht seine Pflicht zur umgehenden Anmeldung der Erfindung, darf der Arbeitnehmer die Patentanmeldung auf Kosten und im Namen seines Arbeitgebers vornehmen. Verliert die Erfindung ihre Patentfähigkeit wegen der Vernachlässigung der Pflicht zur umgehenden Patentanmeldung, wird der Arbeitgeber gegenüber dem Arbeitnehmer schadensersatzpflichtig.

Der Arbeitnehmer ist zur Mitwirkung an den Patentanmeldeunterlagen verpflichtet. Außerdem hat der Arbeitnehmer die erforderlichen Erklärungen abzugeben, die zur Erlangung des Schutzrechts erforderlich sind.[12]

Schutzrechtsaufgabe

Hat der Arbeitgeber den kompletten Vergütungsanspruch des Arbeitnehmers bereits erfüllt, kann er das Patent aufgeben, ohne den Arbeitnehmer benachrichtigen zu müssen. Steht dem Arbeitnehmer jedoch noch ein Vergütungsanspruch zu, muss der Arbeitgeber vor einer Schutzrechtsaufgabe das Patent dem Arbeitnehmer zur Übernahme anbieten. Der Arbeitgeber muss dabei die relevanten Fristen beachten, sodass der Arbeitnehmer bei der Übernahme keinen Rechtsverlust erleidet.

Innerhalb einer Frist von drei Monaten nachdem der Arbeitgeber dem Arbeitnehmer mitgeteilt hat, dass er das Schutzrecht aufgeben möchte, kann der Arbeitnehmer seinen Anspruch auf Übernahme geltend machen. Nach Ablauf der ungenutzten Frist kann der Arbeitgeber das Schutzrecht fallen lassen.[13]

Ende der Rechte und Pflichten aus einer Diensterfindung

Endet die Monopolstellung durch das Schutzrecht, erlischt auch der Vergütungsanspruch des Arbeitnehmers. Eine Monopolstellung endet insbesondere wenn die Wettbewerber das Patent nicht mehr respektieren, die Patentanmeldung vom Patentamt zurückgewiesen wurde

---

[11] § 13 Absatz 1 Satz 1 Arbeitnehmererfindungsgesetz.
[12] § 15 Absatz 2 Arbeitnehmererfindungsgesetz.
[13] § 16 Absatz 2 Arbeitnehmererfindungsgesetz.

oder die Schutzunfähigkeit in einem Einspruchs- oder Nichtigkeitsverfahren festgestellt wurde. Bereits geleistete Vergütungszahlungen können nicht zurückgefordert werden.

Frei gewordene Erfindung

Nimmt der Arbeitgeber eine Diensterfindung nicht in Anspruch oder gibt er eine Diensterfindung nachträglich frei, so liegt eine „frei gewordene Erfindung" vor. Eine Diensterfindung wird durch Erklärung in Textform gegenüber dem Arbeitnehmer frei.[14]

Durch die Erklärung geht das Eigentum an der Erfindung wieder an den Arbeitnehmer zurück bzw. bleibt bei ihm. Der Arbeitnehmer kann nach der Freigabe über die Erfindung unbeschränkt verfügen.[15]

Freie Erfindung

Eine freie Erfindung ergibt sich nicht aus der beruflichen Tätigkeit und basiert auch nicht auf dem betrieblichen Know-How.[16] Eine freie Erfindung war daher im Gegensatz zur frei gewordenen Erfindung zu keinem Zeitpunkt eine Diensterfindung. Dennoch muss eine freie Erfindung dem Arbeitgeber gemeldet werden, damit sich dieser davon überzeugen kann, dass es sich nicht um eine Diensterfindung handelt.[17] Einer Mitteilung bedarf es nicht, falls die Erfindung ganz offensichtlich nicht in dem Betrieb des Arbeitgebers genutzt werden kann.[18] Eine Mitteilung ist grundsätzlich empfehlenswert, um rechtliche Auseinandersetzungen mit dem Arbeitgeber zu vermeiden.

Die Mitteilung über die freie Erfindung setzt eine dreimonatige Frist in Gang, während der der Arbeitgeber prüfen kann, ob es sich tatsächlich um eine freie Erfindung handelt. Der Arbeitgeber kann während dieser Frist bestreiten, dass es sich um eine freie Erfindung handelt. Tut er dies nicht, ist eine spätere Inanspruchnahme der Erfindung durch den Arbeitgeber ausgeschlossen.[19]

Technischer Verbesserungsvorschlag

Technische Verbesserungsvorschläge stellen eine Besonderheit im gewerblichen Rechtsschutz dar, da sie nicht schutzfähig sind und sich dennoch ein Gesetz des gewerblichen Rechtsschutzes, nämlich das Arbeitnehmererfindungsgesetz, mit diesen befasst. Ein technischer Verbesserungsvorschlag muss dem Arbeitgeber eine monopolähnliche Stellung verschaffen, damit ein Vergütungsanspruch entsteht.[20]

---

[14] § 8 Satz 1 Arbeitnehmererfindungsgesetz.
[15] § 8 Satz 2 Arbeitnehmererfindungsgesetz.
[16] § 4 Absatz 3 Satz 1 Arbeitnehmererfindungsgesetz.
[17] § 18 Absatz 1 Satz 1 Arbeitnehmererfindungsgesetz.
[18] § 18 Absatz 3 Arbeitnehmererfindungsgesetz.
[19] § 18 Absatz 2 Arbeitnehmererfindungsgesetz.
[20] § 20 Absatz 1 Satz 1 Arbeitnehmererfindungsgesetz.

6.3   Vergütungsanspruch

Der Vergütungsanspruch ergibt sich aus der in Anspruch genommenen Erfindung. Es bedarf keines Schutzrechts. Durch den Vergütungsanspruch soll ein Ausgleich für den Arbeitnehmer geschaffen werden, der auf die Ausbeutung seiner Erfindung verzichten muss. Allerdings soll der Arbeitnehmer nicht zu einem Geschäftspartner erstarken, der auf Augenhöhe mit dem Arbeitgeber agiert. Vielmehr soll die Vergütung als Kompensation und Ansporn zu weiteren Erfindungen dienen.

Die Höhe der Vergütung führt regelmäßig zu einem Konflikt zwischen dem Arbeitnehmer und seinem Arbeitgeber. Um diesen Konflikt frühzeitig aufzufangen und zu entschärfen, wurden die Amtlichen Vergütungsrichtlinien[21] erstellt und die Schiedsstelle[22] beim Patentamt eingerichtet.

Entstehen und Dauer des Vergütungsanspruchs

Der Vergütungsanspruch entsteht durch die Inanspruchnahme der Erfindung. Sobald sich ein wirtschaftlicher Erfolg oder eine Verwertung ergibt, ist der Arbeitnehmer anteilig an dem wirtschaftlichen Vorteil zu beteiligen. Wirtschaftliche Vorteile, die nicht beim Arbeitgeber entstehen, werden nicht berücksichtigt. Dasselbe gilt für wirtschaftliche Vorteile, die erst zukünftig zu erwarten sind. Ergeben sich durch die Anwendung der Erfindung Verluste, sind diese nicht dem Arbeitnehmer zuzurechnen. Verluste schließen auch nicht notwendigerweise eine Vergütung aus.

Die Vergütungspflicht besteht, solange der Arbeitgeber durch das Schutzrecht ein ökonomisches Monopol innehat und daraus wirtschaftliche Vorteile zieht. Wird das Schutzrecht von der Konkurrenz nicht mehr respektiert oder wird das Schutzrecht durch ein amtliches oder gerichtliches Verfahren gelöscht, endet die Vergütungspflicht. Spätestens nach Ablauf der maximalen Schutzdauer endet die Pflicht zur Vergütung, es sei denn der Arbeitgeber kann sich aufgrund der Erfindung weiterhin eine Vorzugsstellung bewahren.

Vergütungsvereinbarung

Das Arbeitnehmererfindungsgesetz geht davon aus, dass der Arbeitgeber mit seinem erfinderischen Arbeitnehmer eine Vereinbarung über die Vergütung der Erfindung trifft.[23] Wurde die Erfindung durch eine Erfindergemeinschaft geschaffen, kann der Arbeitgeber mit jedem Erfinder eine eigene Vereinbarung eingehen. Die Vereinbarung kann sich nachträglich als unangemessen herausstellen, da sich die Umstände geändert haben. In diesem Fall kann die Vereinbarung angepasst werden. Die Rückzahlung von Vergütungen ist jedoch in jedem Fall ausgeschlossen.[24]

---

[21] DPMA, https://www.dpma.de/docs/dpma/richtlinienfuerdieverguetungvonarbeitnehmererfindun gen.pdf, abgerufen am 22.03.2024.

[22] DPMA Schiedsstelle nach dem Gesetz über Arbeitnehmererfindungen, 80297 München.

[23] § 12 Absatz 1 Arbeitnehmererfindungsgesetz.

[24] § 12 Absatz 6 Satz 2 Arbeitnehmererfindungsgesetz.

Vergütungsfestsetzung

Können der Arbeitgeber und der Arbeitnehmer keine einvernehmliche Vereinbarung finden, hat der Arbeitgeber eine Vergütung einseitig festzusetzen.[25] Die Vergütungsfestsetzung ist zu begründen und in Schriftform, also als Email, Fax oder Schreiben, dem erfinderischen Arbeitnehmer zu übermitteln. Die festgesetzte Vergütung ist vom Arbeitgeber zu entrichten.

Einer Vergütungsfestsetzung kann der Arbeitnehmer innerhalb einer Frist von zwei Monaten nach Zugang widersprechen.[26] Der Widerspruch bedarf der Schriftform. Wird kein Widerspruch erhoben, wird die Vergütungsfestsetzung für den Arbeitnehmer und den Arbeitgeber bindend.[27]

Anpassung der Vergütungsregelung

Ändern sich die Umstände wesentlich, die zur Vergütungsregelung führten, kann der Arbeitgeber und der Arbeitnehmer eine Anpassung der Vergütungsregelung verlangen.[28] Das Recht, eine Anpassung zu verlangen, kann vertraglich abbedungen werden. Allerdings muss hierzu eine finanzielle Kompensation vereinbart werden.

Eine Anpassung der Vergütungsregelung kommt nur infrage, falls es der Vertragspartei, die die Anpassung fordert, nicht zuzumuten ist, an der bestehenden Regelung festzuhalten. Eine Änderung, die sich aus einem normalen Geschäftsverlauf ergibt, kann in keinem Fall eine Anpassung der Vergütungsregelung rechtfertigen. Bricht jedoch eine Volkswirtschaft dramatisch ein oder kann der Arbeitgeber einen Markt alleine bedienen, da sich die Wettbewerber zurückziehen, kann eine Anpassung verlangt werden.

Das Recht zur Anpassung der Vergütungsregelung unterliegt der regelmäßigen Verjährung von drei Jahren gemäß BGB, wobei die Verjährung mit der Kenntnisnahme der Änderung der relevanten Umstände beginnt. Kann der Vertragspartei grobe Fahrlässigkeit vorgeworfen werden, startet die Verjährung ab diesem Zeitpunkt.

Unbilligkeit

Eine Vergütungsregelung, Vereinbarung oder Festsetzung, ist unwirksam, wenn sie bereits zu Beginn in erheblichem Maße unbillig ist.[29] Unbilligkeit besteht, falls die Regelung der Vergütung um mehr als 50 % von den gesetzlichen Vorgaben abweicht. Bei hohen Vergütungen können 25 % Abweichung genügen. Eine unbillige Vergütungsregelung ist von Anfang an nichtig.[30]

Nach Beendigung des Arbeitsverhältnisses, kann noch innerhalb einer sechsmonatigen Frist Unbilligkeit geltend gemacht werden. Hierzu genügt Textform, also eine Email oder

---

[25] § 12 Absatz 3 Satz 1 Arbeitnehmererfindungsgesetz.

[26] § 12 Absatz 4 Satz 1 Arbeitnehmererfindungsgesetz.

[27] § 12 Absatz 4 Satz 2 Arbeitnehmererfindungsgesetz.

[28] § 12 Absatz 6 Satz 1 Arbeitnehmererfindungsgesetz.

[29] § 23 Absatz 1 Satz 1 Arbeitnehmererfindungsgesetz.

[30] § 139 BGB.

eine SMS sind bereits fristwahrend. Eine Unterschrift ist nicht erforderlich.[31] Allerdings muss der Erklärende benannt werden.

Unabdingbarkeit

Vor der Schaffung einer Erfindung kann ein Arbeitnehmer nicht auf Rechte aus der Erfindung verzichten.[32] Ein entsprechender Passus, beispielsweise in einem Arbeitsvertrag, ist nichtig.[33] Allerdings kann der Arbeitnehmer nachdem eine Erfindung bekannt ist, für ihn nachteilige Vereinbarungen eingehen.[34] Für den Arbeitnehmer vorteilhafte Regelungen sind stets zulässig.

Fälligkeit der Vergütung

Eine Fälligkeit der Vergütung tritt drei Monate nach Aufnahme der Benutzung der Erfindung ein.[35] Findet keine Benutzung statt, ergibt sich die Fälligkeit spätestens drei Monate nach Patenterteilung.[36]

Benutzung der Erfindung

Die Verwertung der Erfindung stellt die Grundlage der Vergütungspflicht dar. Eine Verwertung kann durch Umsatzsteigerung, Lizenzeinnahmen und durch eine Kostenersparnis erfolgen.

Stellt sich die Frage, welche Erfindung zu vergüten ist, so ist die Erfindungsmeldung und nicht eine Patentanmeldung oder ein späteres Patent entscheidend. Wird daher eine Erfindung benutzt, die dem Patent zu entnehmen ist, jedoch nicht der Erfindungsmeldung, liegt keine vergütungspflichtige Benutzung vor. Andererseits ist eine Benutzung einer Erfindung zu vergüten, die nicht in einem Patent oder einer Patentanmeldung beansprucht wird, die aber in der Erfindungsmeldung enthalten war.[37]

Experimente und der Bau von Prototypen, die der Erlangung der Marktreife dienen, stellen keine vergütungspflichtige Benutzung dar. Dasselbe gilt für Probeverkäufe und Messepräsentationen, die der Klärung der Marktakzeptanz dienen.

Eine relevante Benutzung kann indirekter Natur sein. Werden beispielsweise Umsätze aufgrund der Erfindung erzeugt, ohne dass diese selbst realisiert wird, besteht eine Vergütungspflicht. Eine „Benutzung" kann sich auch aus einem Sperrpatent dadurch ergeben, dass Wettbewerber aus einem Markt herausgehalten werden.

---

[31] § 23 Absatz 2 Arbeitnehmererfindungsgesetz.
[32] § 22 Satz 1 Arbeitnehmererfindungsgesetz.
[33] § 134 BGB.
[34] § 22 Satz 2 Arbeitnehmererfindungsgesetz.
[35] BGH, 28.06.1962 – I ZR 28/61 – „Cromegal", GRUR 1963, 135, 137; BGH, 10.09.2002 – X ZR 199/01 – „Ozon", GRUR 2003, 237.
[36] § 12 Absatz 3 Satz 2 Arbeitnehmererfindungsgesetz.
[37] BGH, 29.11.1988 – X ZR 63/87 „Schwermetalloxidationskatalysator" – GRUR, 1989, 205, 207.

Auskunftserteilung

Mit dem Beginn der Benutzung entsteht ein Anspruch auf Auskunft über die Arten und den jeweiligen Umfang der Benutzung gegenüber dem Arbeitgeber.[38] Das Recht zur Auskunft erlischt nicht durch das Ende des Arbeitsverhältnisses.[39]

Das Recht zur Auskunft umfasst auch ausländische Benutzungen, unabhängig davon, ob in dem jeweiligen Land ein Arbeitnehmererfindungsrecht besteht.

Der Arbeitgeber ist nicht verpflichtet, über seinen Gewinn oder seine Kunden- und Lieferantenbeziehungen Auskunft zu erteilen. Es genügt die Angabe der erzeugten Umsätze, der Kostenersparnisse und der Lizenzeinnahmen für die jeweiligen Benutzungsarten.[40] Bei einem nur geringen Vergütungsanspruch darf der Arbeitgeber auf eine umfassende Auskunftserteilung verzichten.[41] Eine Auskunftserteilung sollte mindestens einmal pro Jahr erfolgen.

Berechnen des Vergütungsanspruchs

Wurde die Erfindung zum Patent angemeldet und liegt noch keine Patenterteilung vor, ist in aller Regel nicht die volle Vergütung, sondern nur 50 % auszuzahlen. Erfolgt die Erteilung, ist der bis dahin zurückbehaltene Anteil vollständig zu entrichten.

Der Berechnung der Vergütung ist der Erfindungswert zugrunde zu legen. Der Erfindungswert stellt den wirtschaftlichen Wert dar, der sich aus der Benutzung der Erfindung für den Arbeitgeber ergibt. Zur Bestimmung des Erfindungswerts wird in aller Regel die Lizenzanalogie verwendet, wobei sich der Erfindungswert als Ergebnis der Multiplikation des erwirtschafteten Umsatzes mit einem Lizenzsatz ergibt.[42]

Lizenzsatz

Zur Berechnung des Erfindungswerts wird ein Lizenzsatz angenommen, den ein externer Lizenzgeber von einem exklusiven Lizenznehmer vernünftigerweise fordern würde.[43] Der Lizenzsatz wird sich in aller Regel zwischen 0,5 % und 1,5 % bewegen. In der Automobilzulieferindustrie kann ein Lizenzsatz deutlich unter 0,5 % gerechtfertigt sein. Dies gilt auch für Massenartikel.

Höchstlizenzgrenze

Es kann der Fall vorliegen, dass durch ein einziges Produkt mehrere Erfindungen realisiert werden. Ein theoretisches Aufaddieren mehrerer Lizenzsätze wäre in diesem Fall nicht sachgerecht. In einem derartigen Fall wird man einen Höchstlizenzsatz annehmen, der dem

---

[38] BGH, 06.02.2002, X-ZR 215/00 „Drahtinjektionseinrichtung" – GRUR, 2002, 609, 611.

[39] § 26 Arbeitnehmererfindungsgesetz.

[40] BGH, 17.11.2009 – X ZR 137/07 „Türinnenverstärkung" – GRUR, 2010, 223.

[41] BGH, 13.11.1997 – X ZR 132/95 „Copolyester II" – GRUR, 1998, 689, 694.

[42] BGH, 21.12.2005 – X ZR 165/04 „Zylinderrohr", GRUR 2006, 401.

[43] BGH, 13.11.1997 – X ZR 6/96 „Spulkopf", GRUR 1998, 684, 687.

oberen Ende des Bereichs entspricht, der für Lizenzsätze in diesem technischen Sektor üblich ist.

Bezugsgröße

Typischerweise stellt ein verkaufsfähiges Produkt nicht die Realisierung einer Erfindung dar, sondern nur ein Teil des Produkts erhält von der Erfindung sein „kennzeichnendes Gepräge".[44] Dieser Teil wird als Bezugsgröße bezeichnet. Der Umsatz, der der Bezugsgröße zugerechnet wird stellt die Grundlage der Berechnung des Erfindungswerts dar.

Abstaffelung

Sehr hohe Umsätze sind abzustaffeln, das bedeutet, dass nicht der volle Umsatz der Bezugs-größe, sondern ein reduzierter Anteil verwendet wird. Eine Abstaffelung beginnt bereits ab einem Umsatz von 1,5 Mio. €. Die Abstaffelung erfolgt in Schritten, wobei zunächst nur eine Reduzierung um 10 % vorzunehmen ist. Ab einem Umsatz von 2,5 Mio. € ist ein Abschlag von 20 % angebracht. Die genauen Werte können der Richtlinie Nr. 11 der „Richtlinien für die Vergütung von Arbeitnehmererfindungen im privaten Dienst"[45] entnommen werden.

Berechnung nach Lizenzanalogie

Der Erfindungswert berechnet sich nach der Lizenzanalogie zu:

- Erfindungswert $=$ Umsatz$_{\text{Bezugsgröße}}$ (eventuell abgestaffelt) $\cdot$ Lizenzsatz

Die Vergütung des erfinderischen Arbeitnehmers ergibt sich durch Multiplikation mit einem Anteilsfaktor, der berücksichtigt, dass der Arbeitnehmer kein externer Lizenzgeber ist:

- Vergütung $=$ Erfindungswert $\cdot$ Anteilsfaktor, und damit:
- Vergütung $=$ Umsatz$_{\text{Bezugsgröße}}$ $\cdot$ Lizenzsatz $\cdot$ Anteilsfaktor

Anteilsfaktor

Der Anteilsfaktor berücksichtigt, dass der erfinderische Arbeitnehmer die Unterstützung des Betriebs hatte, die einem externen Lizenzgeber nicht zur Verfügung stand. Der Arbeit-nehmer konnte auf dem betrieblichen Know-How aufbauen und den Maschinenpark seines Arbeitgebers, beispielsweise zur Prototypenfertigung, nutzen.

Mit dem Anteilsfaktor wird außerdem berücksichtigt, dass von einem Entwicklungsin-genieur die Entwicklung technischer Erfindungen zu erwarten ist.

Der Anteilsfaktor wird sich in aller Regel im Bereich zwischen 10 % und 25 % bewegen, wobei einem Entwicklungsingenieur typischerweise ein Anteilsfaktor zwischen 10 % und

---

[44] BGH, 13.03.1962 – I ZR 18/61 „Kreuzbodenventilsäcke III", GRUR 1962, 401, 402 f.

[45] DPMA, https://www.dpma.de/docs/dpma/richtlinienfuerdieverguetungvonarbeitnehmererfindun gen.pdf, abgerufen am 22.03.2024.

17 % zugewiesen wird. Ein leitender Mitarbeiter eines F&E-Bereichs wird üblicherweise einen Anteilsfaktor zwischen 5 % und 10 % akzeptieren müssen.

Die Berechnung des Anteilsfaktors wird in den „Richtlinien für die Vergütung von Arbeitnehmererfindungen im privaten Dienst"[46] erläutert, wobei drei Wertzahlen a, b und c ermittelt werden. Die Wertzahlen berücksichtigen die Umstände der Aufgabenstellung, der betrieblichen Unterstützung und die Stellung des Erfinders im Betrieb. Anhand einer Tabelle kann der Summe der Wertzahlen a, b und c ein Anteilsfaktor zugeordnet werden.

Wertzahl a – Stellung der Aufgabe
Mit der Wertzahl a wird berücksichtigt, in welchem Umfang der Erfinder bei der Aufgabenstellung von dem Betrieb unterstützt wurde. In der Richtlinie 31 für die Vergütung von Arbeitnehmererfindungen im privaten Dienst"[47] werden die relevanten Kriterien aufgelistet, wobei die jeweilige Wertzahl a in Klammern am Ende der Beschreibung des Kriteriums aufgeführt ist:

„Der Arbeitnehmer ist zu der Erfindung veranlaßt worden:

1. *weil der Betrieb ihm eine Aufgabe unter unmittelbarer Angabe des beschrittenen Lösungsweges gestellt hat (1);*
2. *weil der Betrieb ihm eine Aufgabe ohne unmittelbare Angabe des beschrittenen Lösungsweges gestellt hat (2);*
3. *ohne daß der Betrieb ihm eine Aufgabe gestellt hat, jedoch durch die infolge der Betriebszugehörigkeit erlangte Kenntnis von Mängeln und Bedürfnissen, wenn der Erfinder diese Mängel und Bedürfnisse nicht selbst festgestellt hat (3);*
4. *ohne daß der Betrieb ihm eine Aufgabe gestellt hat, jedoch durch die infolge der Betriebszugehörigkeit erlangte Kenntnis von Mängeln und Bedürfnissen, wenn der Erfinder diese Mängel und Bedürfnisse selbst festgestellt hat (4);*
5. *weil er sich innerhalb seines Aufgabenbereichs eine Aufgabe gestellt hat (5);*
6. *weil er sich außerhalb seines Aufgabenbereichs eine Aufgabe gestellt hat (6). "[48]*

Zu 2: In aller Regel ist diese Kategorie für einen Entwicklungsingenieur zutreffend, dem daher die Wertzahl a = 2 zuzuordnen ist.

Zu 3: Musste ein Entwicklungsingenieur betriebliche Widerstände überwinden, um zur Erfindung zu gelangen, kann die Wertzahl a = 3 sachgerecht sein.

Wertzahl b – Lösung der Aufgabe

---

[46] DPMA, https://www.dpma.de/docs/dpma/richtlinienfuerdieverguetungvonarbeitnehmererfindun gen.pdf, abgerufen am 24.03.2024.

[47] DPMA, https://www.dpma.de/docs/dpma/richtlinienfuerdieverguetungvonarbeitnehmererfindun gen.pdf, abgerufen am 24.03.2024.

[48] DPMA, Richtlinie 31, https://www.dpma.de/docs/dpma/richtlinienfuerdieverguetungvonarbeitne hmererfindungen.pdf, abgerufen am 24.03.2024.

In die Wertzahl b fließt das Ausmaß der betrieblichen Unterstützung bei der Schaffung der Erfindung ein. Die Richtlinie 32 bestimmt die Größen der Wertzahl b:

„Bei der Ermittlung der Wertzahlen für die Lösung der Aufgabe sind folgende Gesichtspunkte zu beachten:

1. *Die Lösung wird mit Hilfe der dem Erfinder beruflich geläufigen Überlegungen gefunden;*
2. *sie wird auf Grund betrieblicher Arbeiten oder Kenntnisse gefunden*
3. *der Betrieb unterstützt den Erfinder mit technischen Hilfsmitteln.*

Liegen bei einer Erfindung alle diese Merkmale vor, so erhält die Erfindung für die Lösung der Aufgabe die Wertzahl 1; liegt keines dieser Merkmale vor, so erhält sie die Wertzahl 6. Sind bei einer Erfindung die angeführten drei Merkmale teilweise verwirklicht, so kommt ihr für die Lösung der Aufgabe eine zwischen 1 und 6 liegende Wertzahl zu."[49]

„Beruflich geläufige Überlegungen" nach dem Arbeitnehmererfindungsgesetz sind nicht mit „naheliegend" nach § 4 Satz 1 Patentgesetz zu verwechseln. Eine Erfindung kann auf „beruflich geläufigen Überlegungen" basieren und dennoch nicht naheliegend nach Patentgesetz und damit patentfähig sein.

„Beruflich geläufig" nach dem Arbeitnehmererfindungsgesetz sind Erfindungen, die dem technischen Bereich zugeordnet werden können, in dem der Arbeitnehmer langjährig tätig oder ausgebildet wurde. In aller Regel wird daher die Nr. 1 erfüllt sein. Dasselbe gilt normalerweise für die Nr. 2 und die Nr. 3, sodass der Wertzahl b zumeist der Betrag 1 zuzuweisen ist.

Wertzahl c – Aufgaben und Stellung des Arbeitnehmers im Betrieb

Die Richtlinie 34 berücksichtigt die Position des Erfinders innerhalb des Betriebs. Die jeweils dazugehörende Wertzahl steht in Klammern am Ende des Kriteriums:

„Man kann folgende Gruppen von Arbeitnehmern unterscheiden, wobei die Wertzahl umso höher ist, je geringer die Leistungserwartung ist:

8. Gruppe: Hierzu gehören Arbeitnehmer, die im wesentlichen ohne Vorbildung für die im Betrieb ausgeübte Tätigkeit sind (z. B. ungelernte Arbeiter, Hilfsarbeiter, Angelernte, Lehrlinge) (8).

7. Gruppe: Zu dieser Gruppe sind die Arbeitnehmer zu rechnen, die eine handwerklich – technische Ausbildung erhalten haben (z. B. Facharbeiter, Laboranten, Monteure, einfache Zeichner), auch wenn sie schon mit kleineren Aufsichtspflichten betraut sind (z. B. Vorarbeiter, Untermeister, Schichtmeister, Kolonnenführer). Von diesen Personen wird im allgemeinen erwartet, daß sie die ihnen übertragenen Aufgaben mit einem gewissen technischen Verständnis ausführen. Andererseits ist zu berücksichtigen, daß von dieser Berufsgruppe in der Regel die Lösung konstruktiver oder verfahrensmäßiger technischer Aufgaben nicht erwartet wird (7).

---

[49] DPMA, Richtlinie 32, https://www.dpma.de/docs/dpma/richtlinienfuerdieverguetungvonarbeitne hmererfindungen.pdf, abgerufen am 24.03.2024.

6. Gruppe: Hierher gehören die Personen, die als untere betriebliche Führungskräfte eingesetzt werden (z. B. Meister, Obermeister, Werkmeister) oder eine etwas gründlichere technische Ausbildung erhalten haben (z. B. Chemotechniker, Techniker). Von diesen Arbeitnehmern wird in der Regel schon erwartet, daß sie Vorschläge zur Rationalisierung innerhalb der ihnen obliegenden Tätigkeit machen und auf einfache technische Neuerungen bedacht sind (6).

5. Gruppe: Zu dieser Gruppe sind die Arbeitnehmer zu rechnen, die eine gehobene technische Ausbildung erhalten haben, sei es auf Universitäten oder technischen Hochschulen, sei es auf höheren technischen Lehranstalten oder in Ingenieur- oder entsprechenden Fachschulen, wenn sie in der Fertigung tätig sind. Von diesen Arbeitnehmern wird ein reges technisches Interesse sowie die Fähigkeit erwartet, gewisse konstruktive oder verfahrensmäßige Aufgaben zu lösen (5).

4. Gruppe: Hierher gehören die in der Fertigung leitend Tätigen (Gruppenleiter, d. h. Ingenieure und Chemiker, denen andere Ingenieure oder Chemiker unterstellt sind) und die in der Entwicklung tätigen Ingenieure und Chemiker (4).

3. Gruppe: Zu dieser Gruppe sind in der Fertigung der Leiter einer ganzen Fertigungsgruppe (z. B. technischer Abteilungsleiter und Werkleiter) zu zählen, in der Entwicklung die Gruppenleiter von Konstruktionsbüros und Entwicklungslaboratorien und in der Forschung die Ingenieure und Chemiker (3).

2. Gruppe: Hier sind die Leiter der Entwicklungsabteilungen einzuordnen sowie die Gruppenleiter in der Forschung (2).

1. Gruppe: Zur Spitzengruppe gehören die Leiter der gesamten Forschungsabteilung eines Unternehmens und die technischen Leiter größerer Betriebe (1)."[50]

Berechnung des Anteilsfaktors

Die Wertzahlen a, b und c werden addiert. Mit der nachfolgenden Tabelle kann der Summe der Wertzahlen der zuzuordnende Anteilsfaktor A entnommen werden:[51]

a + b + c	=	3	4	5	6	7	8	9	10	11	12	13	14	15	16	17	18	19	(20)
A	=	2	4	7	10	13	15	18	21	25	32	39	47	55	63	72	81	90	(100)

Sonderfälle des Erfindungswerts

In der überwiegenden Mehrzahl der Fälle wird der Erfindungswert mit der Lizenzanalogie bestimmt.[52] Eine alternative Berechnung des Erfindungswerts ergibt sich durch die Erfassung des betrieblichen Nutzens, die bei einer ausschließlichen innerbetrieblichen Benutzung anzuwenden ist. Kommt eine rechnerische Bestimmung des Erfindungswerts nicht infrage,

---

[50] DPMA, Richtlinie 34, https://www.dpma.de/docs/dpma/richtlinienfuerdieverguetungvonarbeitnehmererfindungen.pdf, abgerufen am 24.03.2024.

[51] DPMA, Richtlinie 37, https://www.dpma.de/docs/dpma/richtlinienfuerdieverguetungvonarbeitnehmererfindungen.pdf, abgerufen am 24.03.2024.

[52] BGH, 21.12.2005 – X ZR 165/04 „Zylinderrohr", GRUR 2006, 401.

bleibt nur ein Schätzen. Außerdem gibt es noch Sonderfälle, die eine alternative Bestimmung des Erfindungswerts ermöglichen.

Berechnung des erfassbaren betrieblichen Nutzens

Eine Erfindung kann ausschließlich innerbetrieblich genutzt werden und daher keinen messbaren Umsatz für den Betrieb erzeugen. In diesem Fall versagt die Methode der Lizenzanalogie. Ein betrieblicher Nutzen kann sich insbesondere durch eine Optimierung eines Herstellprozesses, das Vermeiden von Abfall oder Verschnitt oder das Automatisieren manueller Tätigkeiten ergeben. Die Berechnung des Erfindungswerts ergibt sich durch einen Vergleich der Erträge und der Kosten in einer Situation mit und ohne Benutzung der Erfindung.

In der Praxis ist es schwierig die jeweiligen Kosten und Erträge genau zu bestimmen. Es sind daher oft Annahmen und Schätzungen erforderlich, die zu Lasten der Verlässlichkeit der Methode gehen.

Von dem so berechneten Betrag wird als Daumenregel ein 20 %-Anteil als Erfindungswert angesetzt, da die Bemühungen des Arbeitgebers ebenfalls zu berücksichtigen sind.

Schätzen des Erfindungswerts

Es gibt Erfindungen, deren Erfindungswert nur mit einer Schätzung bestimmt werden können. Beispiele hierfür sind Erfindungen, die sich dem Arbeitsschutz oder der Qualitätssicherung widmen. Vom geschätzten Nutzen wird als Daumenregel 20 % als Erfindungswert bestimmt, da die Mühe des Arbeitgebers zu berücksichtigen ist.

Erfindungswert bei Lizenzeinnahmen

Lizenzeinnahmen können zur Grundlage der Berechnung des Erfindungswerts genutzt werden, wobei die Kosten abzuziehen sind, die erforderlich waren, um die Lizenzeinnahmen zu erwirtschaften. Insbesondere Kosten der Verteidigung und Aufrechterhaltung eines Patents sind zu berücksichtigen. Der so errechnete Nutzen kann mit 20 % als Daumenregel als Erfindungswert angesetzt werden.

Erfindungswert bei einem Verkauf der Erfindung

Ein Verkaufserlös kann nach Abzug der erforderlichen Kosten zur Grundlage der Berechnung des Erfindungswerts genutzt werden. Typischerweise wird von dem errechneten Nutzen ein Anteil von 20 % bis 40 % als sachgerechter Erfindungswert angesehen.

Erfindungswert bei nicht verwerteter Erfindung

Ein Arbeitgeber ist nicht verpflichtet, eine Erfindung zu benutzen. Allerdings darf dies nicht zu Nachteilen für den erfinderischen Arbeitnehmer führen, sodass spätestens nach Patenterteilung eine Erfindung zu vergüten ist.

Erfindungswert bei Sperrpatenten

Ein Sperrpatent ist ein Patent, das nicht selbst genutzt wird, mit dem aber der Umsatz eines anderen Produkts abgesichert wird. Ein Sperrpatent verhindert eine direkte Konkurrenz. Zur Berechnung des Erfindungswerts kann daher ein Anteil des abgesicherten Umsatzes des anderen Produkts angesetzt werden. Allerdings kann nur ein kleiner Anteil des abgesicherten Umsatzes zur Berechnung der Vergütung herangezogen werden, da tatsächlich nicht der Gegenstand des Sperrpatents realisiert wird.

Erfindungswert bei einem Gebrauchsmuster
Der Erfindungswert wird analog zu dem Fall einer patentgeschützten Erfindung bestimmt. Allerdings ist ein Abschlag von 30 % bis 50 % sachgerecht, da es sich bei einem Gebrauchsmuster um ein ungeprüftes Schutzrecht handelt.

Erfindungswert bei Auslandsnutzungen
Auslandsnutzungen sind wie Inlandsnutzungen zu vergüten, auch wenn im betreffenden Ausland kein Arbeitnehmererfindungsrecht besteht.

Erfindungswert bei betriebsgeheimen Erfindungen
In begründeten Fällen kann der Arbeitgeber darauf verzichten, die Erfindung zum Patent anzumelden, und stattdessen die Erfindung als betriebsgeheime Erfindung benutzen. An der Vergütungspflicht und –höhe ändert sich deswegen nichts.

6.4 Streitigkeiten

Dem Gesetzgeber war klar, dass es insbesondere um die Vergütung unterschiedliche Auffassungen geben kann und dass diese zu einer Belastung des Arbeitsfriedens führen können. Aus diesem Grund wurde die Schiedsstelle[53] beim Patentamt geschaffen, die sich ausschließlich mit Streitigkeiten um das Arbeitnehmererfindungsgesetz kümmert.[54] Gelingt keine einvernehmliche Lösung mithilfe der Schiedsstelle bleibt den Parteien nur noch der Klageweg.[55]

Schiedsstelle
Die Arbeitsparteien können zu jeder Zeit die Schiedsstelle anrufen.[56] Der Schiedsstelle ist ein Antrag vorzulegen, in dem der Sachverhalt zu erläutern ist und es ist ihr mitzuteilen, welche Frage zu klären ist. Außerdem sind die Namen und die Anschriften der Beteiligten

---

[53] § 29 Absatz 1 Arbeitnehmererfindungsgesetz.
[54] § 28 Satz 1 Arbeitnehmererfindungsgesetz.
[55] § 37 Absatz 1 Arbeitnehmererfindungsgesetz.
[56] § 28 Satz 1 Arbeitnehmererfindungsgesetz.

anzugeben.[57] Der Antrag wird den anderen Beteiligten übermittelt, die innerhalb einer Frist , die von der Schiedsstelle bestimmt wird, Stellung nehmen können.[58]

Bevor der Klageweg beschritten werden kann, muss die Schiedsstelle angerufen werden.[59] Dies gilt nicht, wenn das Arbeitsverhältnis bereits beendet ist[60] oder Rechte aus einer Vergütungsvereinbarung[61] oder einem Einigungsvorschlag der Schiedsstelle geltend gemacht werden[62].

Die Schiedsstelle muss außerdem nicht angerufen werden und das Klageverfahren kann direkt begonnen werden, wenn geltend gemacht wird, dass eine Vereinbarung nach den §§ 12, 19, 22 oder 34 nicht rechtswirksam sei[63], falls bereits sechs Monate nach Anrufung der Schiedsstelle verstrichen sind[64] oder wenn die Parteien nach Auftreten eines Streitfalls sich darauf geeinigt haben, ein Schiedsverfahren nicht in Anspruch zu nehmen[65].

Nach Ende eines Arbeitsverhältnisses ist ein Verfahren vor der Schiedsstelle nicht mehr obligatorisch. Die Schiedsstelle kann aber trotzdem angerufen werden.

Die Schiedsstelle hat die Aufgabe, eine gütliche Einigung zwischen den Arbeitsparteien zu erlangen.[66] Hierzu arbeitet sie einen Einigungsvorschlag aus[67], den sie den Beteiligten übermittelt.[68]

Der Einigungsvorschlag ist keine gerichtliche Entscheidung. Die Beteiligten können innerhalb eines Monats nach Zugang Widerspruch einlegen. Wird kein Widerspruch innerhalb der jeweiligen Monatsfrist erhoben, wird der Einigungsvorschlag für die Parteien rechtlich bindend.[69]

Gerichtsverfahren
Ist ein Schiedsverfahren gescheitert, bleibt als letzte Möglichkeit das Klageverfahren vor einem ordentlichen Gericht. Örtlich zuständig für ein Bundesland sind Patentstreitkammern an ausgewählten Landgerichten.[70] Es besteht keine örtliche Einschränkung für Streitigkeiten wegen den Modalitäten der Auszahlung eines Vergütungsanspruchs.[71]

---

[57] § 31 Absatz 1 Sätze 1 und 3 Arbeitnehmererfindungsgesetz.

[58] § 31 Absatz 2 Arbeitnehmererfindungsgesetz.

[59] § 37 Absatz 1 Arbeitnehmererfindungsgesetz.

[60] § 37 Absatz 2 Nr. 3 Arbeitnehmererfindungsgesetz.

[61] § 37 Absatz 2 Nr. 1 i. V. m. § 12 Arbeitnehmererfindungsgesetz.

[62] § 37 Absatz 2 Nr. 1 i. V. m. § 34 Arbeitnehmererfindungsgesetz.

[63] § 37 Absatz 2 Nr. 1 Arbeitnehmererfindungsgesetz.

[64] § 37 Absatz 2 Nr. 2 Arbeitnehmererfindungsgesetz.

[65] § 37 Absatz 2 Nr. 4 Sätze 1 und 2 Arbeitnehmererfindungsgesetz.

[66] § 28 Satz 2 Arbeitnehmererfindungsgesetz.

[67] § 34 Absatz 2 Satz 1 Arbeitnehmererfindungsgesetz.

[68] § 34 Absatz 2 Satz 4 Arbeitnehmererfindungsgesetz.

[69] § 34 Absatz 3 Arbeitnehmererfindungsgesetz.

[70] § 39 Absatz 1 Satz 1 Arbeitnehmererfindungsgesetz.

[71] § 39 Absatz 2 Arbeitnehmererfindungsgesetz.

Erarbeiten einer Technologie

7

Inhaltsverzeichnis

Anhand des Stand der Technik und durch die Berücksichtigung der Restriktionen des Patentrechts, insbesondere der Patente Dritter, kann eine eigene Technologie erarbeitet bzw. marktreif weiterentwickelt werden. Der Stand der Technik, also die Patente, Patentanmeldungen und Gebrauchsmuster von Dritten, kann aus der umfangreichen Datenbank „DEPATISnet.dpma.de" des deutschen Patentamts recherchiert werden.

In einem ersten Schritt sollte dadurch Klarheit über die eigene Technologie geschaffen werden, dass die Technologie in ihre einzelnen Merkmale zerlegt wird. Hierdurch ergibt sich ein profundes Verständnis der eigenen Technologie, was ein guter Ausgangspunkt für die Recherche nach dem relevanten Stand der Technik ist. In der gedanklichen Auseinandersetzung mit dem Stand der Technik kann dann die eigene Technologie weiterentwickelt und eventuell patentfähig gemacht werden.

T. H. Meitinger, *Startup Erfinderhandbuch*, https://doi.org/10.1007/978-3-662-70539-1_7

7.1   Merkmalsanalyse der eigenen Erfindung

Der erste Schritt bei der Gründung eines Startups ist die Analyse der eigenen Technologie. Sinnvollerweise werden die einzelnen Merkmale der Technologie aufgelistet und
gekennzeichnet, um die Technologie in ihren Einzelheiten analysieren und mit dem Stand
der Technik vergleichen zu können.

Beispielsweise kann die Idee für ein Startup sein, eine Outdoor-Spielanlage für Kinder zu schaffen, auf deren Boden Wasserdüsen angeordnet sind. Hierdurch ergibt sich
eine betretbare Spielfläche, aus deren Boden konstant, abwechselnd oder vollkommen
unvorhersehbar Wasserfontänen hochgeschleudert werden. Hierdurch sollen zudem Spiele
ermöglicht werden, wobei die Wasserfontänen beispielsweise als Barrieren für ein Laby-
rinth genutzt werden. Zusätzlich kann ein Anleuchten der Wasserfontänen erfolgen, um
die Attraktivität der Anlage zu steigern. Die Anlage soll zügig auf- und wieder abbaubar
sein, um eine hohe Mobilität zu ermöglichen.

Die Merkmale des eigenen Produkts sind daher:

- Merkmal 1: Anlage mit einem begehbaren Boden mit
- Merkmal 2: Wasserdüsen, die jeweils eine nach oben gerichtete Wasserfontäne
  erzeugen, wobei
- Merkmal 3: die Wasserdüsen separat ansteuerbar sind, wobei
- Merkmal 4: Leuchtmittel am Boden angeordnet sind, wobei
- Merkmal 5: die Leuchtmittel die Wasserfontänen in verschiedene Farben anleuchten
  und
- Merkmal 6: die Anlage schnell auf- und abbaubar ist.

Diese Auflistung der einzelnen Merkmale stellt eine detaillierte Analyse der eigenen Technologie dar und ermöglicht einen fundierten Vergleich mit den Patenten, Gebrauchsmustern und Patentanmeldungen des Stands der Technik. Eine derartige Auflistung wird als
Merkmalsanalyse bezeichnet.

7.2   Stand der Technik als Sparringspartner

Die Recherche nach dem Stand der Technik, also der bereits bekannten Technologien,
kann zur rechtlichen Würdigung ob die eigene Technologie fremde Patente verletzt bzw.
patentfähig ist, dienen. Insbesondere kann der Stand der Technik genutzt werden, die
eigene Technologie fortzuentwickeln. In diesem Sinne kann eine eigene Technologie
lediglich als Startpunkt aufgefasst werden, die durch die „Konfrontation" mit dem Stand
der Technik verfeinert, verbessert oder sogar anders ausgerichtet werden kann, um sie
damit marktreif zu machen.

Der erste Schritt ist, den Stand der Technik zu verstehen und seine Nachteile bzw. Mängel festzustellen bzw. zu erkennen, welche Probleme die jeweiligen Erfinder lösen wollten und daher als wichtig empfanden. Aus dieser Analyse kann sich eine neue technische Aufgabe entwickeln, die zu einer Fortentwicklung der eigenen Technologie genutzt werden kann. Natürlich kann dadurch auch der Markt besser verstanden werden.

Der Stand der Technik kann eine Vielzahl an technischen Aufgaben präsentieren, sodass unterschiedliche spezialisierte Ausführungsformen entwickelt werden können, die je nach Anwendung bzw. Marktsegment vorteilhaft erscheinen.

Eine Recherche nach dem Stand der Technik kann auf unterschiedliche Weise erfolgen. Eine Google-Recherche kann dabei den Anfang darstellen. Allerdings sollte man es nicht dabei belassen. Die Datenbank des deutschen Patentamts „DEPATISnet.dpma.de" bietet einen deutlich umfangreicheren Schatz an technischen Lehren, die vorteilhafterweise in den recherchierbaren Patentschriften im Detail beschrieben sind.

Nachteile des Stands der Technik
Nachdem der relevante Stand der Technik ermittelt wurde, sollte man sich eingehend damit befassen und insbesondere seine Mängel und Nachteile herausarbeiten und als Möglichkeit zur Herstellung einer besseren Technologie nutzen.

Zum Beispiel der Outdoor-Spielanlage für Kinder kann im Stand der Technik das Dokument US 20030073505A1 gefunden werden, das einen „interactive play Fountain" (interaktiver Spielbrunnen) zeigt.

Der Hauptanspruch des Dokuments beschreibt eine Wasserpark-Vergnügungsvorrichtung mit einer begehbaren Fläche, die Öffnungen aufweist, aus denen mittels Wasserdüsen Wasserfontänen geschleudert werden. Die Öffnungen weisen eine Form und Größe auf, wodurch diese durch eine Hand oder einen Fuß verschlossen werden können, die jedoch klein genug sind, dass kein Kinderfuß in die Öffnungen hinein rutschen kann. Wird eine Öffnung durch einen Benutzer verschlossen, wird das Wasser zu einer anderen Öffnung umgeleitet.[1]

Die Abb. 7.1 zeigt einen kleinen Hügel als Bodenfläche, aus dem Wasserfontänen geschleudert werden.

Die Abb. 7.2 zeigt das Funktionsprinzip der Spielvorrichtung, bei der durch ein Fuß 40 eine Öffnung 32 verschlossen wird, sodass das Wasser zu benachbarten Öffnungen 32 umgeleitet wird. In den Öffnungen 32 sind Düsen 30b, 30c und 30d angeordnet, die den Wasserstrahl bündeln.

Eine Interaktion wird daher ausschließlich dadurch erreicht, dass durch das Verschließen einer Öffnung, das Wasser mit höherem Druck aus anderen Öffnungen spritzt. Aus diesem Stand der Technik könnte man den Nachteil ableiten, dass die Vorrichtung in ihren Spielvarianten beschränkt ist und der Spielspaß relativ schnell abebben wird.

---

[1] DPMA,   https://depatisnet.dpma.de/DepatisNet/depatisnet?action=pdf&docid=US0200300735 05A1&xxxfull=1, abgerufen am 7.8.2024.

Fig. 1

Abb. 7.1 Fig. 1 der US20030073505A1

Fig. 3

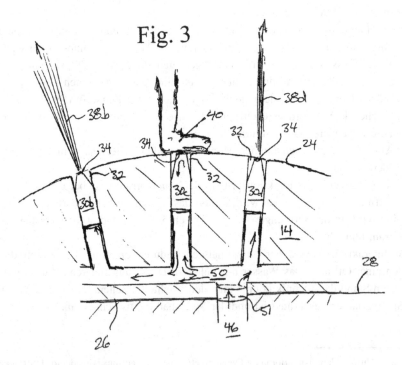

Abb. 7.2 Fig. 3 der US20030073505A1

Konventionelle Anlage (3kW)

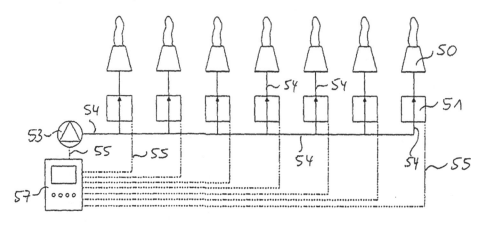

Abb. 7.3 Fig. 2 der EP1898097A2

Eine Aufgabe aus dem Stand der Technik kann daher lauten, eine Wasserpark-Vergnügungsvorrichtung zur Verfügung zu stellen, die sich durch eine Vielzahl an Variationsmöglichkeiten auszeichnet.

Im Stand der Technik kann die EP 1898097 A2 („Wasserpumpe sowie Wasserspielanlage mit Pumpe") ermittelt werden.

In der Abb. 7.3 ist ein Abschnitt der Fig. 2 der EP 1898097 A2 abgebildet, bei der Ventile 51 den Wasserzufluss zu Düsen 50 regeln, wobei die Ventile 51 über Elektroleitungen 55 gesteuert werden. Es gibt eine zentrale Steuerung 57 der Elektroleitungen 55, sodass jede Düse 50 individuell angesteuert werden kann. Hierdurch kann eine große Variation bei der Ansteuerung der Wasserfontänen ermöglicht werden.

Als neue technische Aufgabe an die eigene Technologie kann formuliert werden, dass eine größere Attraktivität der Wasserspiele dadurch erreicht wird, dass die Vorrichtung mit Leuchtmitteln kombiniert wird, sodass die Wasserfontänen bunt angeleuchtet werden.

In einem weiteren Stand der Technik werden jedoch auch Leuchtmittel beschrieben. Die US 4892250 (Titel: „Dynamic fountain displays and methods for creating the same") beschreibt im Anspruch 3 eine „*Patio fountain of claim 1 further including means for illuminating the water fountain display with colored light.*"[2] Der Anspruch 3 offenbart daher Mittel zur Beleuchtung der Wasserfontänen mit farbigem Licht. Außerdem zeigt die US 4892250 Ventile 30 für jede Düse 34 der Anordnung.

In der Abb. 7.4 ist die Fig. 3 der US 4892250 dargestellt, bei der einzelne Ventile 30 Wasserdüsen 34 ansteuern.

---

[2] DPMA,   https://depatisnet.dpma.de/DepatisNet/depatisnet?action=pdf&docid=US0000048922 50A&xxxfull=1, abgerufen am 7.8.2024.

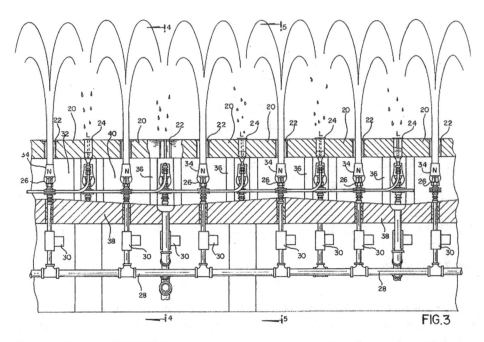

Abb. 7.4 Fig. 3 der US4892250

Die Abb. 7.5 zeigt einen Computer 136, der die einzelnen Ventile 140 der Wasserdüsen ansteuert.

Der Anspruch 6 der US 4892250 lautet: „*6. The patio fountain of claim 1 further comprised of a plurality of controllable valves and control means for controlling said controllable valves, each of said controllable valves being located between said pump means and a respective said nozzle, whereby the flow of water to each nozzle may be independently controlled.*"[3]

Der Anspruch 6 beschreibt steuerbare Ventile, wodurch der Wasserfluss zu jeder Düse unabhängig von anderen Düsen gesteuert werden kann und dadurch eine hohe Variation der Ansteuerung der Wasserdüsen ermöglicht wird.

Das Anleuchten der Wasserfontänen ist ebenfalls bereits im Stand der Technik beschrieben. Sämtliche bislang aufgeführten Merkmale sind daher durch den Stand der Technik vorweggenommen, wobei die betreffenden Patente bereits die Merkmale der unabhängigen Ansteuerung der Wasserdüsen und der Ausleuchtung der Wasserfontänen vorwegnehmen. Die bislang angedachte Technologie ist daher gemeinfrei, denn die US20030073505A1 und die US 4892250 sind vor über 20 Jahren angemeldet worden, sodass die maximale Laufzeit eines Patents von 20 Jahren bereits abgelaufen ist. Diese

---

[3] DPMA,   https://depatisnet.dpma.de/DepatisNet/depatisnet?action=pdf&docid=US0000048922 50A&xxxfull=1, abgerufen am 8.8.2024.

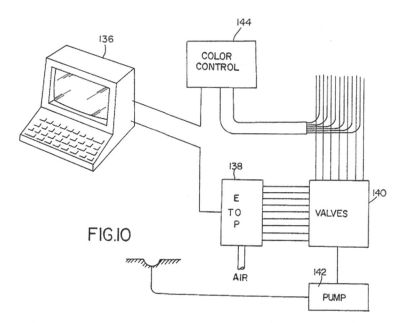

FIG.10

Abb. 7.5 Fig. 10 der US4892250

beiden Patentschriften würde der Fachmann auch kombinieren, sodass ein Patent, das nur die technischen Lehren der beiden Patentschriften kombinieren würde, nicht rechtsbeständig wäre. Die bislang entwickelte Technologie kann daher benutzt werden, ohne dass ein fremdes Patent verletzt wird. Allerdings handelt es sich nicht um eine neue und erfinderische Technologie, sodass eine Patentfähigkeit nicht gegeben ist.

Aufgabe der technischen Erfindung
Nachdem die aktuell vorhandene Technologie ausgewertet wurde, kann eine Fortentwicklung angestrebt werden, um ein eigenständiges Produkt zu entwickeln, das dem Startup durch verbesserte Eigenschaften einen Wettbewerbsvorteil verschafft.

Beispielsweise könnte eine Wasserparkvorrichtung zur Verfügung gestellt werden, die schnell auf- und abbaubar ist und zudem an örtliche Gegebenheiten anpassbar ist. Eine derartige Vorrichtung wäre für einen mobilen Einsatz geeignet und könnte an den vorhandenen Platz angepasst werden.

Diese technische Aufgabe könnte beispielsweise dadurch gelöst werden, dass ein modulweiser Aufbau angestrebt wird, wobei das jeweilige Modul bereits sämtliche erforderlichen Elemente aufweist. Allerdings muss hierbei die EP 2588252 B1 (Titel: „*Spielanlage mit Fontänen*") berücksichtigt werden.

Der Hauptanspruch der EP 2588252 B1 lautet:

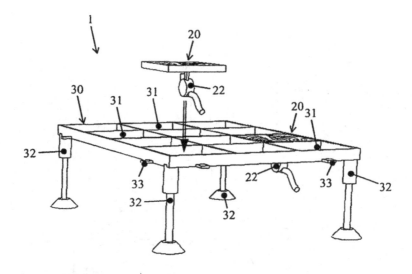

FIG. 2

Abb. 7.6   Fig. 2 der EP2588252B1

„1. Anordnung eines Spielspringbrunnens, die aufweist: einen Boden (1), mehrere Düsen (2), vorzugsweise einen Sammelbehälter für eine Flüssigkeit, insbesondere Wasser, oder eine Einrichtung zum Verbinden der Anordnung mit einer Flüssigkeitsversorgung, und ein Steuersystem (3) zum Steuern einer oder mehrerer der Düsen (2) während des Betriebs der Anordnung, dadurch gekennzeichnet, dass der Boden (1) mehrere wechselseitig abnehmbare Bodenmodule (20) aufweist, die wenigstens eine Düse (2) und wenigstens eine Pumpe (22) aufweisen. "[4]

In dem Anspruch werden Bodenmodule beschrieben, die eine Düse und eine Pumpe umfassen. Der Anspruch offenbart daher bereits ein komplettes Modul, das mit anderen zusammengefügt werden kann, damit sich eine Spielwiese mit Wasserfontänen ergibt.

Die Abb. 7.6 zeigt die Module 20 der EP 2588252 B1, die eine Düse und eine Pumpe 22 umfassen. Allerdings kann auch erkannt werden, dass die Module 20 eine Konstruktion 30 benötigen, die die einzelnen Module 10 aufnehmen. Zum Aufbau der Spielweise muss daher zunächst der Rahmen 30 aufgebaut werden, wodurch die Ausdehnung der Spielwiese vorbestimmt ist. Insbesondere kann die Spielweise nicht an besondere Platzverhältnisse wie Ecken oder Schrägen problemlos angepasst werden. Vielmehr muss zumindest genügend Platz für das Rechteck des Rahmens 30 vorhanden sein.

---

[4] DPMA,   https://depatisnet.dpma.de/DepatisNet/depatisnet?action=pdf&docid=EP0000025882 52B1&xxxfull=1, abgerufen am 8.8.2024.

Eine konkrete technische Aufgabe wäre daher, eine Spielweise mit Wasserfontänen zur Verfügung zu stellen, die an eine jeweilige, eventuell schwierige, Platzsituation angepasst werden kann.

Schaffen der Erfindung

Die Abb. 7.7 zeigt eine Erfindung, die sich aus der Beschäftigung mit dem Stand der Technik ergibt. Erfindungsgemäß wird ein Würfel zur Verfügung gestellt, der ohne Rahmen auf den Boden gestellt werden kann und der Anschlüsse 3 und 4 aufweist. Der Würfel umfasst eine Düse und eine Pumpe, sodass eine Wasserfontäne 2 kontrolliert aus dem Würfel herausgeschleudert werden kann. Mit dem Anschluss 3 kann der Würfel an eine elektrische Versorgungs- und Steuerleitung angeschlossen werden und mit dem Anschluss 4 erfolgt die Wasserversorgung. Der Würfel weist an allen 4 Seiten Anschlüsse 3 und 4 auf, sodass der Würfel mit benachbarten Würfeln verbunden werden kann. Bei den Abschlusswürfeln können nichtgenutzte Wasseranschlüsse durch Stopfen versiegelt werden.

Das erfindungsgemäße Modul kann daher ohne Rahmenkonstruktion genutzt werden und entsprechend den Platzverhältnissen können die Module in einer beliebigen Gestalt angeordnet werden, wobei die kleinste vorgegebene Platzeinheit einem erfindungsgemäßen Modul entspricht.

Spezialisierte Ausführungsformen für besondere Anwendungen

Abb. 7.7 Modul einer
Spielwiese

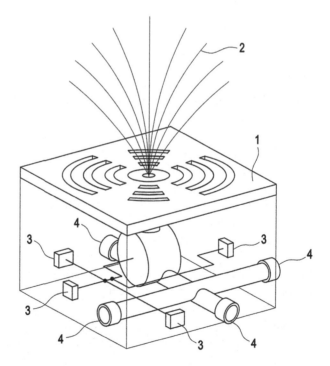

Nachdem die grundlegende technische Idee gefunden ist, kann über besondere Ausführungsformen nachgedacht werden. Beispielsweise könnte der erfindungsgemäße Würfel um Leuchtmittel erweitert werden, die den Würfel selbst und/oder die Wasserfontäne ausleuchten.

7.3   Freedom-to-operate

Bei der Freedom-to-operate Bewertung ist zu prüfen, ob das eigene Produkt den Schutzbereich fremder Patente verletzt. Eine Bewertung von Patentanmeldungen ist schwierig, da zumeist keine klare Aussage über den Schutzumfang nach der Erteilung möglich ist. Eventuell wird ja sogar das Patentbegehren insgesamt zurückgewiesen.

Ein Freedom-to-operate Gutachten kann nur so gut sein, wie die vorausgehende Recherche war. Ein neu auftauchendes Dokument kann ein Ergebnis eines Freedom-to-operate Gutachtens, dass ein Produkt keine fremden Patente verletzt, über den Haufen werfen.

Allerdings gibt es eine Ausnahme. Können sämtliche Merkmale eines Produkts in einem Dokument ermittelt werden, das bereits gemeinfrei ist, kann das Produkt hergestellt werden, ohne dass ein neu auftauchendes Dokument dieses Recht einschränken könnte. Durch bereits ein gemeinfreies Dokument entsteht dieses Recht, das nicht mehr geschmälert werden kann. Ein gemeinfreies Dokument ist insbesondere ein Patent, dessen maximale Schutzdauer abgelaufen ist und das deswegen kein Verbietungsrecht mehr darstellt.

7.4   Patentfähigkeit des eigenen Produkts

Die Frage der Patentfähigkeit des eigenen Produkts kann dann einfach beantwortet werden, falls alle Merkmale des eigenen Produkts in einem der Dokumente des Stands der Technik enthalten sind. In diesem Fall ist das eigene Produkt nicht neu und eine Patenterteilung ausgeschlossen.

Können die Merkmale des eigenen Produkts in einer Zusammenschau mehrerer Dokumente gefunden werden, ist noch zu prüfen, ob der Fachmann die betreffenden Dokumente kombinieren würde. Falls ja, fehlt es dem eigenen Produkt an erfinderischer Tätigkeit. Können jedoch die Merkmale der eigenen Technologie keiner Kombination der Dokumente des Stands der Technik entnommen werden, ist das eigene Produkt zumindest vor dem recherchierten Stand der Technik als patentfähig anzusehen.

Das Problem der Prüfung auf Patentfähigkeit ist, dass nie von einer positiv anzunehmenden Patentfähigkeit ausgegangen werden kann. Es kann immer noch ein Dokument auftauchen, das die Patentfähigkeit zunichtemacht. Andersherum gilt jedoch, dass falls mangelnde Patentfähigkeit festgestellt wurde, dieses Ergebnis nicht mehr durch neu hinzukommende Dokumente erschüttert werden kann. Es kann daher nur eine fehlende Patentfähigkeit positiv festgestellt werden.

Beispiele

8

Inhaltsverzeichnis

Anhand konkreter Beispiele werden die einzelnen Schritte bei der Erarbeitung einer Technologie für ein Startup erläutert. Insbesondere wird die Anwendung des Stands der Technik vorgestellt, um die eigene Technologie zu bewerten und weiter zu entwickeln.

8.1 Wiegeeinheit am Einkaufswagen

Der Bezahlvorgang im Supermarkt wird zunehmend automatisiert, um ein bequemes und schnelles Bezahlen zu ermöglichen. Insbesondere werden den Kunden die Möglichkeit des Selbstscannens der Waren angeboten. Es ist eine Idee, eine Wiegeeinheit am Einkaufswagen derart anzuordnen, dass die Waren im Einkaufswagen gewogen werden können. Hierdurch kann der Supermarkt eine Kontrolle vornehmen, ob beim Selbstscannen der Waren sämtliche und die richtigen Waren gescannt wurden, da ein Abgleich mit dem Gewicht der Waren ermöglicht wird.

Ein technisches Konzept ist daher ein Einkaufswagen, der eine Wiegeeinheit für die Waren im Warenkorb und in der Getränkeablage vorsieht. Es soll insbesondere eine

T. H. Meitinger, *Startup Erfinderhandbuch*, https://doi.org/10.1007/978-3-662-70539-1_8

einzige Wiegeeinheit sowohl für die Waren im Warenkorb als auch in der Getränkeablage genutzt werden können, sodass der gerätetechnische Aufwand klein gehalten werden kann.

Eine Recherche des Stands der Technik hat folgende Dokumente ergeben:

D1: DE 19643122 A1, Anmeldetag: 18. Oktober 1996

D2: US 2011/0036907 A1, Anmeldetag: 10. August 2010

D3: De 10 2018 132 059 B4, Anmeldetag: 13. Dezember 2018

Die Patentanmeldung D1 beschreibt einen Einkaufswagen, der zur Verwendung in einem Selbstbedienungsladen geeignet ist.

Die Abb. 8.1 zeigt die Fig. 1 der D1 mit einem Warenkorb 3, unter dessen Boden 5a eine Waage 5 angeordnet ist. Mit der Waage 5 können die Waren in dem Warenkorb 3 gewogen werden. Der Kunde kann zusätzlich Waren, beispielsweise Getränkekisten, auf der unteren Ladefläche 2 stapeln. Mit der Ausführungsform der Abb. 8.1 können diese Waren nicht gewogen werden. Allerdings enthält die Patentanmeldung die Textpassage: *„Vorzugsweise bildet aber auch die untere Ladefläche die Auflagefläche einer weiteren elektronischen Waage, die mit einer Anzeigeeinrichtung verbunden ist.“*[1]

Das Dokument D1 beschreibt daher das Wiegen der Waren im oberen Warenkorb und in der unteren Ladefläche. Allerdings offenbart das Dokument nicht, wie dies mit nur einer einzigen Waage gelingen kann.

Das Dokument D2 (US 20110036907 A1) beschreibt einen Einkaufswagen mit mehreren separaten Warenkörben.

Die Abb. 8.2 zeigt einen Einkaufswagen mit mehreren Warenkörben 33, die teilweise übereinander gestapelt sind und deren Inhalt durch nur eine Waage 20 gewogen werden kann.[2] Allerdings zeigt das Dokument D2 nicht die klassische Variante eines Einkaufswagens mit einem oberen Warenkorb und einer unteren Ladefläche. Stattdessen enthält der Einkaufswagen der D2 einzelne faltbare Warenkörbe 33.

Das Patent D3 (DE 10 2018 132 059 B4) offenbart einen oberen Warenkorb 18 und eine untere Ladefläche 15.[3]

Die Abb. 8.3 zeigt die Fig. 7 des Patents D3 mit einem Gitterkorb 18 und einer unteren Ladefläche 15, die starr miteinander verbunden sind und auf einer oder mehreren Wägezellen 9 aufliegen. Durch die starre Verbindung des oberen Warenkorbs 18 mit der unteren Ladefläche 15 ist es möglich, dass mit nur einer Waage die Waren im Warenkorb 18 und die Waren auf der Ladefläche 15 gewogen werden können.

---

[1] DPMA,   https://depatisnet.dpma.de/DepatisNet/depatisnet?action=pdf&docid=DE0000196431 22A1&xxxfull=1, Spalte 4, Zeilen 5 bis 7 der Offenlegungsschrift.

[2] DPMA,   https://depatisnet.dpma.de/DepatisNet/depatisnet?action=pdf&docid=US0201100369 07A1&xxxfull=1, abgerufen am 16.8.2024.

[3] DPMA,   https://depatisnet.dpma.de/DepatisNet/depatisnet?action=pdf&docid=DE1020181320 59B4&xxxfull=1, abgerufen am 13.2.2025.

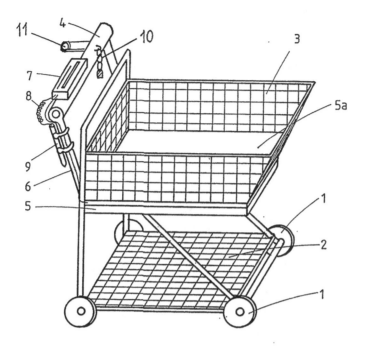

FIG.1

Abb. 8.1 Fig. 1 der DE19643122A1

Das Patent D3 (DE 10 2018 132 059 B4) ist noch in Kraft. Die Verwendung der technischen Lehre der D3 kann daher verboten werden. Eine Umgehungslösung wäre das Separieren des oberen Warenkorbs von der unteren Ladefläche und eine Lagerung des Warenkorbs und der Ladefläche direkt auf einer Wägezelle 9. Auf diese Weise würde das Patent D3 umgangen werden und mit nur einer Waage 9 könnten die Waren im Warenkorb 18 und in der unteren Ladefläche 15 gewogen werden.

8.2   Balkon zum nachträglichen Anbau

Es soll ein Bausatz zum nachträglichen Anbau eines Balkons an ein bestehendes Haus dem Markt zur Verfügung gestellt werden. Der Boden des Balkons könnte zusätzlich als Dach eines Carport/Garage genutzt werden.

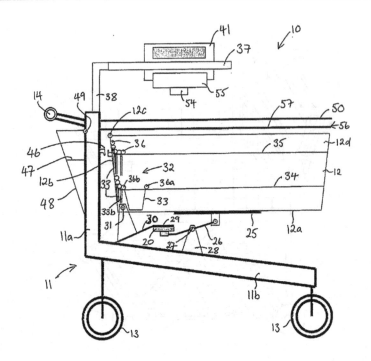

Figure 1b

Abb. 8.2   Fig. 1b der US20110036907A1

Es wurde eine provisorische Anmeldung geschrieben und direkt mit der Einreichung der Patentanmeldung ein Prüfungsantrag gestellt, sodass das Patentamt zeitnah den relevanten Stand der Technik ermittelte.[4] Aktuell kostet das Stellen eines Prüfungsantrags 350 €, was für eine Recherche nach dem Stand der Technik ein sehr günstiger Preis ist.[5] Der Hauptanspruch der provisorischen Anmeldung lautete:

„1. Bausatz zum Aufbau eines Balkons umfassend:

einen, zwei, drei, vier, fünf oder beliebig viele Träger (2),

einen Boden (3), wobei der Träger (2) den Boden (3) hält und

ein Geländer (1) zum Schutz vor einem Absturz einer Person auf dem Balkon,

---

[4] § 43 Absatz 1 Satz 1 Patentgesetz.

[5] Gebührentatbestand 311.400 gemäß Anlage zu § 2 Absatz 1 Patentkostengesetz (Gebührenverzeichnis).

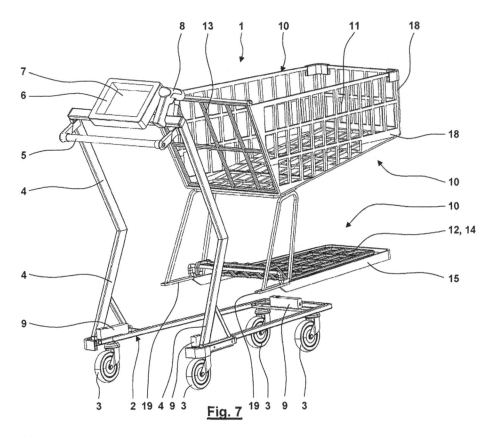

Abb. 8.3 Fig. 7 der DE102018132059B4

wobei das Geländer (1) mit einem oder zwei Träger (2) verbunden ist, dadurch gekennzeichnet, dass der Balkon zum Nachrüsten an ein bestehendes Gebäude geeignet ist. "[6]

Außerdem wurde noch beschrieben, dass der Bausatz zusätzlich oder alternativ als Carport benutzt werden kann:

„Das oben Gesagte gilt in einem weiteren Aspekt nicht nur für Balkone sondern analog und entsprechend ebenso für Carports. Somit betrifft eine weitere Erfindung einen Bausatz zum Aufbau eines Carports umfassend: einen, zwei, drei, vier, fünf oder beliebig viele Träger, einen Boden, wobei der Träger den Boden hält und ein Geländer zum Schutz vor einem Absturz einer

---

[6] DPMA,   https://depatisnet.dpma.de/DepatisNet/depatisnet?action=pdf&docid=DE1020161186
90A1&xxxfull=1, abgerufen am 15.8.2024.

Person auf dem Carport, wobei das Geländer mit einem oder zwei Träger verbunden ist, wobei der Carport zum Nachrüsten an ein bestehendes Gebäude geeignet ist."[7]

Die Abb. 8.4 zeigt einen erfindungsgemäßen Bausatz mit Trägern 2, einem Boden 3 und einem Geländer 1.

Die Recherche des deutschen Patentamts ergab mehrere Dokumente, die einen nachträglichen Balkonanbau beschreiben. Die grundsätzliche Idee war daher wohlbekannt und würde wohl kaum einen nennenswerten Marktvorteil sichern können. Zumindest konnte davon ausgegangen werden, dass die geplante Geschäftsidee gemeinfreier Stand der Technik ist und daher ohne Verletzung fremder Schutzrechte benutzt werden kann.

Im Einzelnen ergab die Recherche folgende Dokumente:

D1: DE 20 2014 000 276 U1, Anmeldetag war der 16. Januar 2014

D2: DE 297 16 050 U1, Anmeldetag war der 8. September 1997

D3: DE 298 06 721 U1, Anmeldetag war der 6. April 1998

D4: DE 94 09 626, Anmeldetag war der 15. Juni 1994

D5: GB 2356 409 A, Anmeldetag war der 29. Oktober 1999

D6: DE 3210215 A1, Anmeldetag war der 19. März 1982

Das Dokument D1 beschreibt im Hauptanspruch ein Balkonsystem zum nachträglichen Anbau. Der Hauptanspruch lautet:

*„1. Balkonsystem (10), insbesondere zum nachträglichen Anbau von Vorstell-Balkonen an bestehenden Gebäuden, mit vier auf einem Untergrund, insbesondere einem Bodenfundament, abgestützten, einem Gebäude vorgestellten Stützen (12, 14, 16, 18) und einer oder mehreren etagenweise übereinander angeordneten Balkonplatten (20), wobei jede Balkonplatte (20) eine Unterkonstruktion (74) und eine Decke (70) auf selbiger aufweist und an den Stützen je Balkonplatte ein diese umfassender Tragrahmen (40) gehaltert ist, **dadurch gekennzeichnet, dass** der Tragrahmen (40) ein horizontal verlaufendes Tragrahmenvorderteil (42) und ein dazu parallel verlaufendes, dem Gebäude zugewandtes Tragrahmenhinterteil (44), die an deren jeweiligen beiden Längsenden jeweils einen damit vorzugsweise fest verbundenen, insbesondere angeschweißten, vertikal verlaufenden Steckschuh (26) mit einer oberen offenen Stirnseite (28) für eine Steckverbindung mit einer der Stützen (12; 14; 16; 18) aufweisen, sowie zwei horizontal verlaufende Tragrahmenseitenteile (46, 48) aufweist, die an den jeweiligen Längsenden zwischen dem Tragrahmenvorderteil (42) und dem Tragrahmenhinterteil (44) eingehängt und daran lösbar gesichert sind, und die Unterkonstruktion (74) zwischen dem Tragrahmenvorderteil (42) und dem Tragrahmenhinterteil (44) mindestens zwei im rechten Winkel zum Tragrahmenhinterteil parallel zueinander horizontal verlaufende Querträger (76, 78, 80, 82, 84), deren Längsenden mit dem Tragrahmenvorderteil (42) und dem Tragrahmenhinterteil (44) kraftschlüssig verbunden sind, sowie mindestens einen quer zu den Querträgern*

[7] DPMA,   https://depatisnet.dpma.de/DepatisNet/depatisnet?action=pdf&docid=DE1020161186 90A1&xxxfull=1, abgerufen am 15.8.2024.

Abb. 8.4 Fig. 1 der
DE102016118690

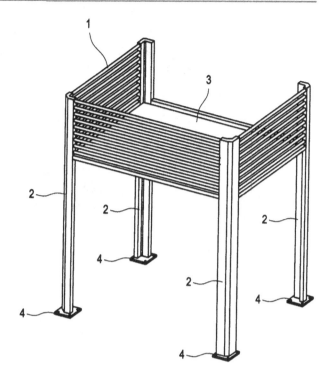

Fig. 1

verlaufenden, auf diesen horizontal verlaufend gelegten Längsträger (86) aufweist, wobei die Decke (70) auf dem Tragrahmen (40) und dem mindestens einen Längsträger (86) aufliegt."[8]

Die Abb. 8.5 zeigt ein anbaubares Balkonsystem, das dem eigenen Balkon der Abb. 8.4 sehr ähnelt.

Die D3 offenbart ebenfalls eine sehr ähnliche technische Lehre eines anbaubaren Balkonsystem.

Der Hauptanspruch des Gebrauchsmusters D3 lautet:

*„1. Balkonkonstruktion zum nachträglichen Anbau an bestehende Gebäudeaußenwände unter Verwendung von Metallhohlprofilen als Stützen und offenen, auf Gehrung miteinander biegesteif zusammengefügten Rahmen, die zur Aussteifung Querstreben besitzen, wobei auf dem Rahmen und den Querstreben Bodenplatten aufgelagert sind, **dadurch gekennzeichnet, daß***

---

[8] DPMA, https://depatisnet.dpma.de/DepatisNet/depatisnet?action=pdf&docid=DE2020140002 76U1&xxxfull=1, abgerufen am 15.8.2024.

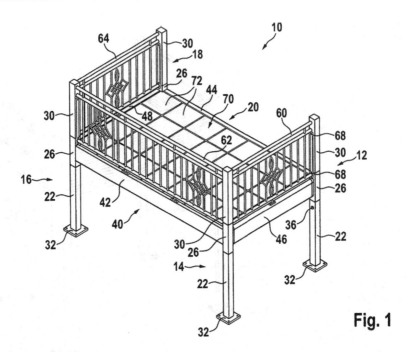

Abb. 8.5 Fig. 1 der DE202014000276U1

auf dem Rahmen (4), der aus einem nach oben offenen G-förmigen Metallprofil besteht, auf
dem eine Abschrägungen (16) versehene Bodenplatte (6) aufgelagert ist, wobei zwischen der
Abschrägung (16) und dem Rahmen (4) ein um die gesamte Bodenplatte (6) umlaufender Spalt
(20) angeordnet ist und daß an den Schmalseiten des Rahmens (4) je zwei Verbindungshülsen
(2) befestigt sind, aus denen je ein unteres Verbindungselement (17) und ein oberes Verbin-
dungselement (18) herausragen, so daß die Metallhohlprofile der unteren und der oberen
Verbindungselemente (17; 18) mit den Hohlprofilen der Stützen (1) einschiebbar miteinander
korrespondieren."[9]

Die Abb. 8.6 zeigt ein anbaubares Balkonsystem der D3.

Die technischen Lehren des Stands der Technik offenbaren ausschließlich Träger des
jeweiligen Balkonsystems, die einen quadratischen Querschnitt aufweisen. In der eigenen
Anmeldung wurde ein Träger beschrieben, der eine besondere Ausformung aufweist, da er
durch drei Abschnitte gekennzeichnet ist, die um jeweils 45° versetzt ausgebildet sind.[10]

Die Abb. 8.7 zeigt in der Fig. 3 einen erfindungsgemäßen Träger 2, der die Abschnitte
A, B und C aufweist, die angewinkelt angeordnet sind. Der Vorteil dieser Konstruktion

---

[9] DPMA,   https://depatisnet.dpma.de/DepatisNet/depatisnet?action=pdf&docid=DE0000298067
21U1&xxxfull=1, abgerufen am 15.8.2024.

[10] DPMA,   https://depatisnet.dpma.de/DepatisNet/depatisnetaction=pdf&docid=DE1020161186
90A1&xxxfull=1, abgerufen am 13.2.2025.

Abb. 8.6 Fig. 2 der
DE29806721U1

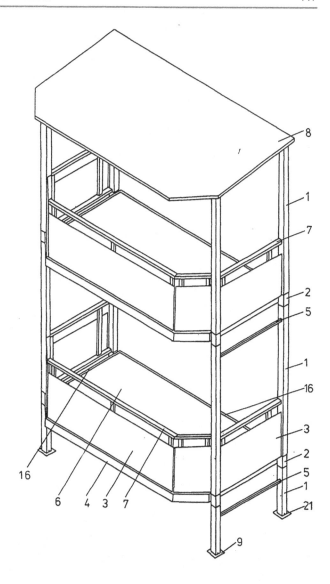

liegt darin, dass der Träger stabiler ausgebildet ist, sich ein gefälligeres Design ergibt und
der Träger trotz hoher mechanischer Stabilität ein geringes Gewicht aufweist.

Ein neuer Hauptanspruch zur Abgrenzung zum Stand der Technik könnte daher
insbesondere durch die Aufnahme der Merkmale des Unteranspruchs 2 formuliert werden.

Der Unteranspruch 2 lautet:

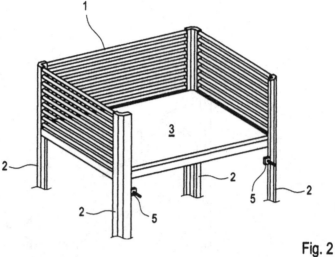

Fig. 2

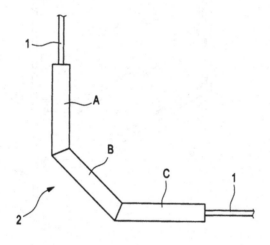

Fig. 3

Abb. 8.7 Fig. 2 und 3 der DE102016118690

„ 2. Bausatz nach Anspruch 1, dadurch gekennzeichnet, dass der Träger (2) aus Segmenten (A, B, C) besteht und/oder wobei die Segmente (A, B, C) in einem 45°-Winkel angeordnet sind. " [11]

---

[11] DPMA,   https://depatisnet.dpma.de/DepatisNet/depatisnet?action=pdf&docid=DE1020161186 90A1&xxxfull=1, abgerufen am 15.8.2024.

8.3   Fahrrad mit hohem Fahrkomfort

Die grundlegende Idee ist es, ein Fahrrad zur Verfügung zu stellen, das dem Fahrer auch bei schlechten Straßenverhältnissen oder off-road ein bequemes Sitzen erlaubt. Es wurde erkannt, dass hierzu der Sitz nicht senkrecht am Fahrrad befestigt sein sollte, sondern waagrecht, sodass ein Pendeln oder Schwingen des Sitzes ermöglicht wird und dadurch Stöße gedämpft werden und nicht direkt an den Fahrer weitergeleitet werden.

Die Abb. 8.8 zeigt oben die konventionelle Befestigung des Fahrradsitzes an einem Fahrrad. In der Darstellung darunter ist die waagrechte Befestigung des Fahrradsitzes dargestellt.

Eine Recherche nach dem Stand der Technik hat folgende Dokumente ergeben:

D1: US 5240268 mit Anmeldetag 31. August 1993

D2: US 2244709 mit Anmeldetag 15. November 1938

Abb. 8.8 Komfortabler
Fahrradsitz

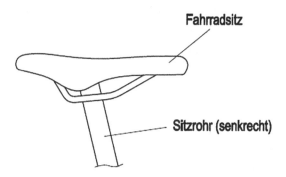

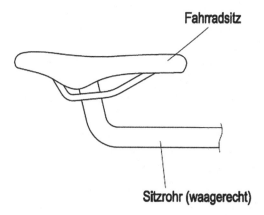

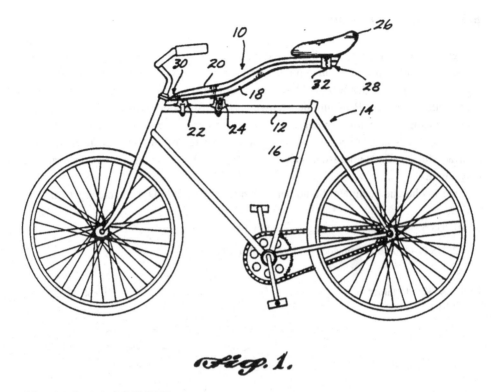

Fig. 1.

Abb. 8.9 Fig. 1 der US5240268

D3: FR 820740 mit Anmeldetag 24. Juli 1936

D4: FR 2807995 mit Anmeldetag 19. April 2000

Bei sämtlichen Dokumenten des Stands der Technik ist die maximale Patentlaufzeit von 20 Jahren bereits abgelaufen, sodass die technischen Lehren dieser Patentschriften gemeinfreier Stand der Technik sind und von jedermann ohne Beschränkungen benutzt werden dürfen.

Das Dokument D1 (US 5240268) beschreibt ein Fahrrad, das eine horizontale Befestigung des Fahrradsitzes aufweist. Die Abb. 8.9 zeigt das Fahrrad der D1 mit dem Fahrradsattel 26, der an einem Rohr 18 befestigt ist, das nahezu horizontal ausgeformt ist.

Die Abb. 8.10 zeigt eine alternative Ausgestaltung nach dem Dokument D1 (US 5240268), bei der ebenfalls die Befestigung des Fahrradsitzes nahezu horizontal am Fahrrad ausgeformt ist.[12]

---

[12] DPMA,   https://depatisnet.dpma.de/DepatisNet/depatisnet?action=pdf&docid=US0000052402 68A&xxxfull=1, abgerufen am 19.8.2024.

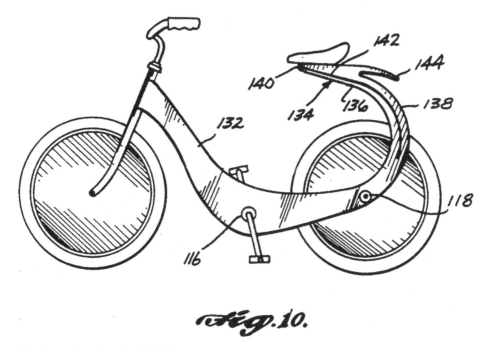

Abb. 8.10 Fig. 10 der US5240268

Das Patent D2 (US 2244709) beschreibt ein weiteres Fahrrad mit horizontaler Aufhängung des Fahrradsattels. Die Abb. 8.11 zeigt den erfindungsgemäßen Fahrradsattel.[13]

Die Offenbarung des Dokuments D3 (FR 820740) entspricht den technischen Lehren der D1 und D2. Die Abb. 8.12 zeigt das Fahrrad der D3.[14] In der Abb. 8.12 wird deutlich, dass eine freischwingende, horizontale Aufhängung des Fahrradsattels zu einer Schwingung mit großer Amplitude führen kann, was dem Fahrkomfort zuwiderläuft.

Die Abb. 8.13 zeigt die Fig. 1 des Patents D4 (FR 2807995) mit einer verbesserten Version einer nahezu horizontalen Befestigung des Fahrradsitzes. Die Abb. 8.13 zeigt eine Anordnung eines Fahrradsitzes, wobei der Rahmen 1 als ein Dämpfungselement wirkt, um ein zu starkes Schwingen des Fahrradsitzes 8 zu verhindern.[15]

Vom Stand der Technik ist daher die horizontale Anordnung des Fahrradsattels am Fahrrad bereits vorweg genommen. Außerdem wurde bereits erkannt, dass eine Dämpfung sinnvoll wäre, um ein übermäßiges Schwingen des Fahrradsitzes zu vermeiden.

---

[13] DPMA, https://depatisnet.dpma.de/DepatisNet/depatisnet?action=pdf&docid=US0000022447 09A&xxxfull=1, abgerufen am 19.8.2024.

[14] DPMA, https://depatisnet.dpma.de/DepatisNet/depatisnet?action=pdf&docid=FR0000008207 40A&xxxfull=1, abgerufen am 19.8.2024.

[15] https://depatisnet.dpma.de/DepatisNet/depatisnet?action=pdf&docid=FR000002807995A1&xxx full=1, abgerufen am 13.2.2025.

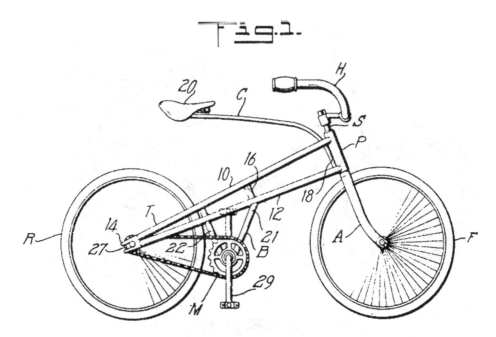

Abb. 8.11   Fig. 1 der US2244709

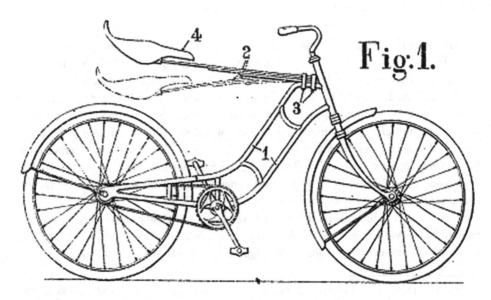

Abb. 8.12   Fig. 1 der FR820740

Als eine eigene Technologie könnte eine Dämpfung der Schwingung eines horizontal ausgerichteten Fahrradsitzes durch eine Wirbelstrombremse erreicht werden, bei der zusätzlich vorteilhafterweise elektrische Energie erzeugt werden kann.

8.4 Verbindungsmittel für Baukonstruktionen

Es soll ein Verbindungsmittel zur Montage von Bauelementen, beispielsweise Wandelemente, zur Verfügung gestellt werden, sodass ein unbeabsichtigtes Lösen des montierten Verbindungsmittels ausgeschlossen ist. Als eigene Technologie wurde ein Verbindungsmittel in der EP 3995704 B1 beschrieben.

Die Abb. 8.14 zeigt das eigene Verbindungsmittel mit einem Gewinde 6 und einer kegelförmigen Feder 9, sodass das Verbindungsmittel eingeschraubt werden kann und mit der Feder 9 unter Druck gehalten wird.[16]

Die Abb. 8.15 zeigt das Verbindungsmittel, das zwei Blöcke miteinander verbindet.

Als Stand der Technik wurde vom Patentamt die Entgegenhaltung US2019/0055980 ermittelt. Die Abb. 8.16 zeigt die entgegengehaltene Schraube des Stands der Technik, die ebenfalls eine Feder zum Spannen aufweist.

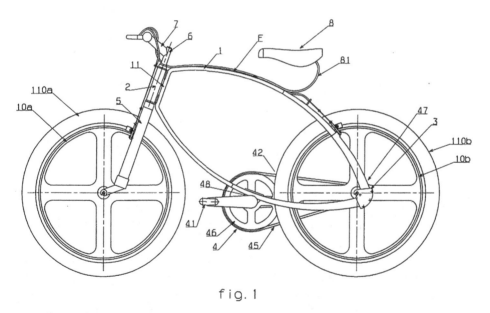

fig. 1

Abb. 8.13 Fig. 1 der FR2807995

---

[16] DPMA, https://depatisnet.dpma.de/DepatisNet/depatisnet?action=pdf&docid=EP0000039957 04B1&xxxfull=1, abgerufen am 19.8.2024.

Abb. 8.14 Fig. 1 der
EP3995704B1 (vertikal)

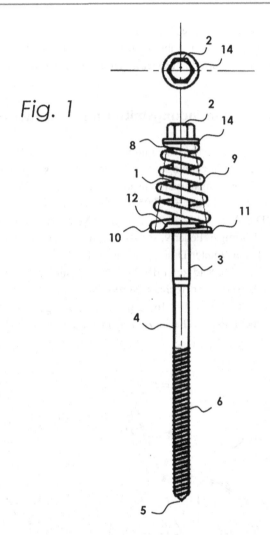

Eine Abgrenzung zum Stand der Technik kann dadurch geschaffen werden, dass die Feder der eigenen Erfindung linksgängig und nicht wie im Stand der Technik rechtsgängig ausgebildet ist (siehe im Vergleich Abb. 8.16 als entgegengehaltener Stand der Technik und 8.17 als erfindungsgemäßes Befestigungsmittel). Der Vorteil dabei ist, dass beim Eindrehen der Schraube die Feder spiralförmig aufgewickelt wird und damit ihre Spannkraft nicht verliert. Im Gegensatz dazu ergibt sich bei der rechtsgängigen Feder der Abb. 8.16 beim Eindrehen des Verbindungsmittels ein Übereinanderstapeln der einzelnen Windungen der Feder, die dadurch keine hohe Spannkraft mehr entfalten kann.

Abb. 8.15 Fig. 3 der
EP3995704

Fig. 3

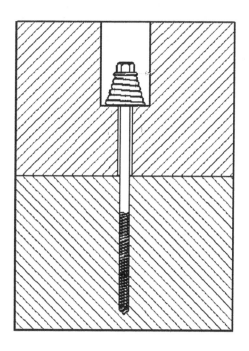

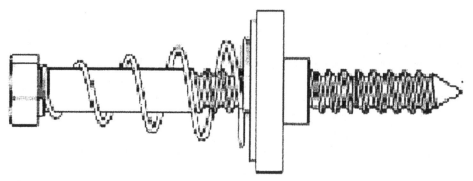

Figure 1

Abb. 8.16 Fig. 1 der US20190055980A1

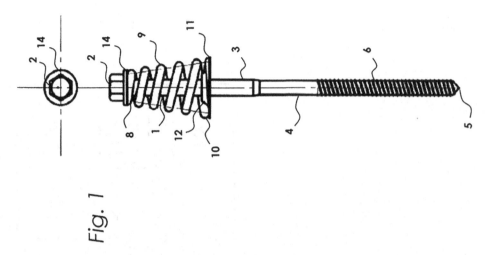

Abb. 8.17 Fig. 1 der EP3995704B1 (horizontal)

8.5   Zusammensteckbare Möbel

Standardmöbel können oft den vorgegebenen Platz nicht optimal verwerten. Es ist daher eine technische Aufgabe, Möbelbauteile zur Verfügung zu stellen, die derart zusammengebaut werden können, dass ein vorgegebener Platz bestmöglich genutzt wird. Dies stellt insbesondere in älteren Häusern oder im Dachgeschoss eines Hauses eine Herausforderung dar, da es um verwinkelte Bereiche geht, die mit den Möbelstücken als Ablageraum genutzt werden sollen.

Als Ausgangspunkt wird eine technische Lösung gewählt, bei der einzelne Platten in unterschiedlichen Größen zur Verfügung stehen, damit durch große Platten ein schneller Aufbau möglich ist und durch kleine Platten ein verwinkelter Bereich möglichst gut genutzt wird. Die einzelnen Platten werden durch Verbindungsmittel stabil miteinander verbunden. Der wesentliche Kern der technischen Lösung sind die Verbindungsmittel.

Das Dokument EP 4302648 A1 beschreibt eine Verbindungsmöglichkeit von Möbelplatten.[17]

In der Abb. 8.18 sind Verbindungsmöglichkeiten dargestellt, bei denen ein Ineinandergreifen bzw. Hintergreifen erforderlich ist. Es handelt sich um komplexe Ausformungen, deren Herstellung zeitaufwändig und teuer ist. Außerdem ist es fraglich, ob die dünnen Stege und kleinen Nasen großen mechanischen Belastungen Stand halten können. Durch die komplexe Struktur der Verbindungsmittel kann davon ausgegangen werden, dass nicht sehr viele Verbindungsmittel je Platte verwendet werden, sodass eine stabile Verbindung der Platten angezweifelt werden kann.

---

[17] DPMA,   https://depatisnet.dpma.de/DepatisNet/depatisnet?action=pdf&docid=EP0000043026 48A1&xxxfull=1, abgerufen am 31.8.2024.

Abb. 8.18 Fig. 15 der
EP4302648A1

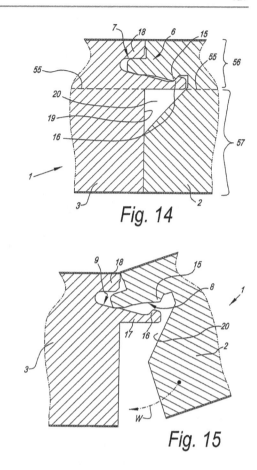

Fig. 14

Fig. 15

Das Dokument US 11821447 B2 offenbart ebenfalls Verbindungsmittel von Platten des Stands der Technik.[18]

Die Abb. 8.19 zeigt ein Verbindungsmittel der US 11821447 B2 mit einem zweigeteilten Schwalbenschwanz B bzw. 2013. Das Verbindungsmittel erscheint komplex im Aufbau.

Die Abb. 8.20 zeigt das Verbindungsmittel zur Verbindung von zwei Platten. Das Ergebnis einer Verbindung kann keine ebenen Flächen herstellen. Außerdem bleiben Schlitze zwischen den Platten, durch die in dem Möbelstück abgelegte Dinge fallen können.

---

[18] DPMA,   https://depatisnet.dpma.de/DepatisNet/depatisnet?action=pdf&docid=US0000118214 47B2&xxxfull=1, abgerufen am 31.8.2024.

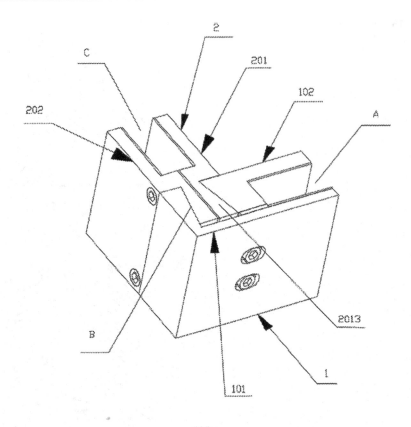

FIG.1

Abb. 8.19   Fig. 1 der US11821447B2

Das Dokument EP 2527662 A1 des Stands der Technik zeigt Verbindungsmittel, die mit Clips zusammen gefügt werden.[19]

Die Abb. 8.21 zeigt die Verbindungsmittel der EP 2527662 A1. Es kann erkannt werden, dass die Verbindungselemente nicht weit in die jeweiligen Platten eingreifen, sodass die Verbindung instabil gegen Knicken ist.

Die Abb. 8.22 zeigt die Verbindungselemente mit Stegen 130 und Nasen 131 und 132, die sehr dünn und daher zerbrechlich ausgeführt sind, sodass eine mechanisch stabile Verbindung von zwei Platten nicht ermöglicht wird.

---

[19] DPMA,   https://depatisnet.dpma/DepatisNet/depatisnet?action=pdf&docid=EP0000025276 62A1&xxxfull=1, abgerufen am 31.8.2024.

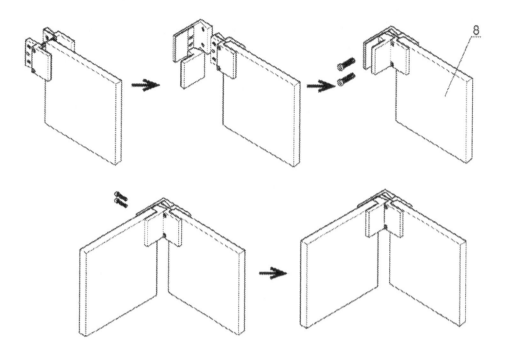

FIG. 6

Abb. 8.20 Fig. 6 der US11821447B2

Abb. 8.21 Fig. 1 der
EP2527662A1

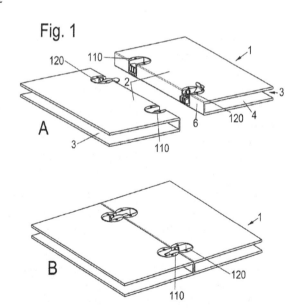

Fig. 1

Abb. 8.22 Fig. 4 der
EP2527662A1

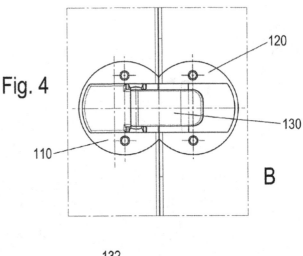

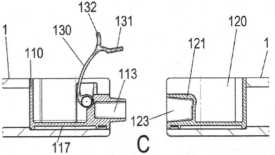

Das Dokument EP 3816412 A1 des Stands der Technik offenbart die Verbindung von Platten mit einer komplementären Stufenform.[20]

Die Abb. 8.23 zeigt die stufige Verbindungsform in einer Schnittdarstellung.

Die Abb. 8.24 zeigt die Verbindungsmittel des Stands der Technik mit den komplementären Strukturen der Platten in perspektivischen Darstellungen. Mit den Verbindungsmitteln können keine winkligen, sondern nur gerade Verbindungen hergestellt werden.

Die Patentschrift WO2023099218 A1 offenbart Verbindungsmittel mit einem Drehverschluss.[21]

Die Abb. 8.25 und 8.26 zeigen den Verdrehverschluss des Stands der Technik, dessen Befestigungselemente 31 und 32 nicht weit in die jeweilige Platte hineinragen, sodass keine mechanisch stabile Verbindung geschaffen werden kann.

---

[20] DPMA,   https://depatisnet.dpma/DepatisNet/depatisnet?action=pdf&docid=EP0000038164 12A1&xxxfull=1, abgerufen am 31.8.2024.

[21] DPMA,   https://depatisnet.dpma/DepatisNet/depatisnet?action=pdf&docid=WO0020230992 18A1&xxxfull=1, abgerufen am 31.8.2024.

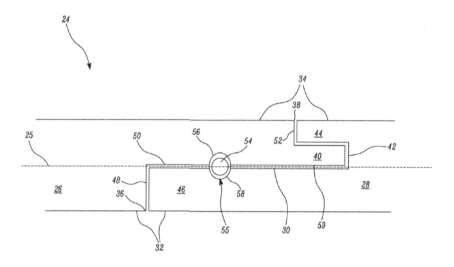

FIG. 1

Abb. 8.23   Fig. 1 der EP3816412A1

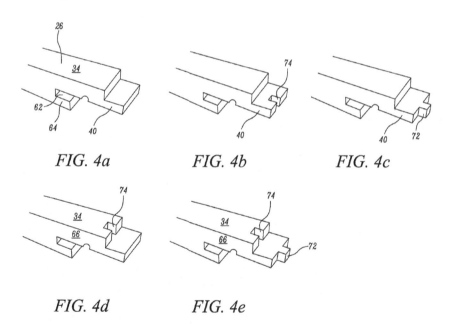

FIG. 4a   FIG. 4b   FIG. 4c

FIG. 4d   FIG. 4e

Abb. 8.24   Fig. 4a bis 4e der EP3816412A1

Abb. 8.25 **Abb. 8.25** Fig. 1 und 2 der
WO2023099218A1

Fig. 1

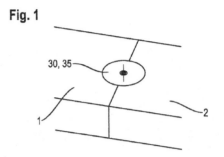

Fig. 2

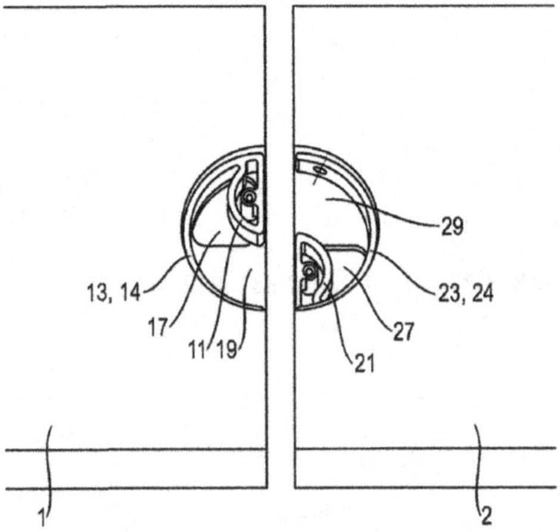

Abb. 8.26 Fig. 3 der
WO2023099218A1

Fig. 3

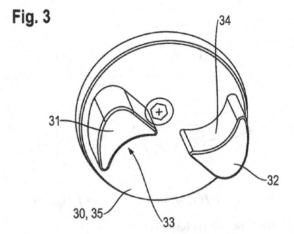

Insgesamt ergibt sich daher aus dem Stand der Technik die Aufgabe, Verbindungsmittel für Platten zu schaffen, die eine geschlossene und mechanisch stabile Verbindung
ermöglichen, ohne Schlitze zu bilden. Außerdem sollen nicht nur ebene, sondern auch
winklige Verbindungen ermöglicht werden.

Die Abb. 8.27 zeigt ein eigenes Verbindungsmittel, das weit in die Platten hineinragt
und mit den Platten verschraubt werden kann.

Die Abb. 8.28 zeigt ein weiteres eigenes Verbindungsmittel für eine rechtwinklige
Verbindung von Möbelplatten.

Die Abb. 8.29 zeigt ein Verbindungsmittel für das rechtwinklige Verbinden von drei
und die Abb. 8.30 für das Verbinden von vier Platten.

Durch Verbindungsmittel, die weit in das jeweilige Möbelstück hineinragen und rechtwinklig bzw. T- oder x-förmig ausgeformt sind, kann eine eigene Technologie zur
Herstellung von variabel zusammenbaubaren Möbeln zur Verfügung gestellt werden.

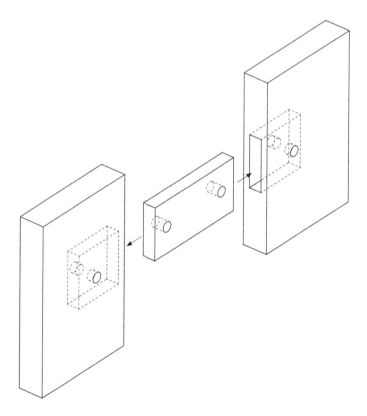

Abb. 8.27 Verbindungsmittel gerade

Abb. 8.28 Verbindungsmittel
rechtwinklig

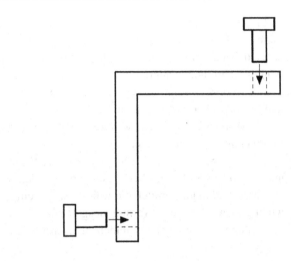

Abb. 8.29 Verbindungsmittel
T-Träger

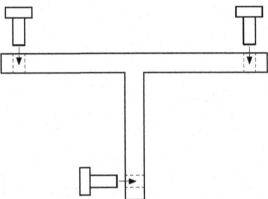

Abb. 8.30 Verbindungsmittel
x-förmig

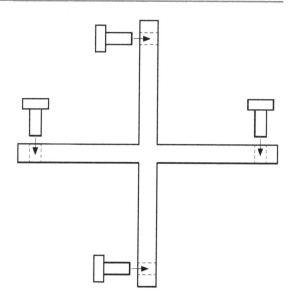

Stichwortverzeichnis

© Der/die Herausgeber bzw. der/die Autor(en), exklusiv lizenziert an Springer-Verlag
GmbH, DE, ein Teil von Springer Nature 2025
T. H. Meitinger, *Startup Erfinderhandbuch*, https://doi.org/10.1007/978-3-662-70539-1

Jürgen R. Dietrich
Thomas Heinz Meitinger

Erfinderhandbuch

Innovations- und Patentmanagement für
Erfinder, Ingenieure und mittelständische
Unternehmen

Springer Vieweg

Thomas Heinz Meitinger

Ohne Anwalt zum Designrecht

Anleitung zum Erwerb wertvoller Designrechte

Springer Vieweg

Jetzt bestellen:

link.springer.com/978-3-662-64204-7

Printed in the United States
by Baker & Taylor Publisher Services